ICID·CIID　CNCID

世界灌溉工程遗产丛书
WORLD HERITAGE IRRIGATION STRUCTURES SERIES

河套灌区

HETAO IRRIGATION DISTRICT

《河套灌区》编撰委员会 编 ■

中国水利水电出版社
www.waterpub.com.cn
·北京·

图书在版编目（CIP）数据

河套灌区 / 《河套灌区》编撰委员会编. -- 北京：
中国水利水电出版社，2020.6
（世界灌溉工程遗产丛书）
ISBN 978-7-5170-8613-0

Ⅰ. ①河… Ⅱ. ①河… Ⅲ. ①河套—灌区—研究
Ⅳ. ①S275

中国版本图书馆CIP数据核字(2020)第095290号

选题策划	汪　敏
出版策划	杨庆川
图片摄影	黄晓海　汪　敏　梁建军
文字翻译	沈　瀚
书法题字	顾　浩
责任编辑	杨庆川
加工编辑	杨元泓
装帧设计	赵丽娟
排版制作	翟可君

世界灌溉工程遗产丛书
河套灌区
HETAO GUANQU
《河套灌区》编撰委员会 编

出版发行	中国水利水电出版社
社　　址	北京市海淀区玉渊潭南路1号D座　100038
网　　址	www.waterpub.com.cn
邮　　箱	mchannel@263.net（万水）、sales@waterpub.com.cn
电　　话	（010）68367658（营销中心）、82562819（万水）
设计制作	北京锐新智慧文化传媒有限责任公司
印　　刷	雅迪云印（天津）科技有限公司
规　　格	260mm×250mm　12开本
印　　张	9
字　　数	125千字
版　　次	2020年6月第1版　2020年6月第1次印刷
书　　号	ISBN 978-7-5170-8613-0
定　　价	108.00元

《河套灌区》

编撰委员会

荣誉委员	郑福田
主任委员	丁昆仑
副主任委员	常志刚　张晓兵　周玉林
委　　员	郭玉根　李根东　高黎辉　郭　瑛　苏晓飞
	杨庆川　汪　敏　刘大伟　徐宏伟　王　瑞
	王希和　罗和林　匡莹萃　梁建军
撰　　稿	高黎辉　苏晓飞　汪　敏　刘大伟　李若曦
	刘　静

　　在广袤的大地上，分布着丰富而类型多样的人类文明，古老灌溉工程就是其中之一。直到今天，还有相当数量的灌溉工程继续为人们提供生活和灌溉水源。现存的古代灌溉工程历经历史的考验，没有成为西风残照的废墟，没有成为书籍中刻板的回忆，而是以自然与工程相融合的文化景观向世界呈现文明的奇迹。

　　2014年，国际灌溉排水委员会（ICID）开始在世界范围内评选灌溉工程遗产。2014年和2015年经由各国家灌溉排水委员会的推荐和国际评委会的评审，我国有四川乐山东风堰等7个项目入选世界灌溉工程遗产名录。由此古老而丰富的中国灌溉工程遗产向世界开启了又一个窗口，让更多的人走进中国，了解水的历史。

　　灌溉工程为旱涝无常的土地提供水源保障，耕作的粮食因它而丰收。在农耕社会，粮食充裕则天下稳定、人民安居乐业。中国是灌溉文明古国，历朝历代从一国之君到州县官员无不重农桑兴水利，并确立了从中央到民间权、责、利相互制约的灌溉管理体系。农耕文明下的制度和道德约束，为水利注入了文化和民族精神，并在时间的长河中衍生出独特的文化。古代灌溉工程也在这一文化的滋养下世代相传。然而，灌溉工程遗产不仅是工程效益的传承，也是中华民族的文化记忆，因为每一处灌溉工程遗产都是活生生的实证，将一个民族的文化底蕴、科学与技术精神呈现出来，为当今和未来的人们生动地再现出曾经的历史。

　　在中国5000多年的农耕文明中，因水资源和自然环境差异而产生出类型丰富、数量众多的灌溉工程。一处灌溉工程得以延续至今，往往意味着这一灌溉工程在规划、工程类型和管理上的可持续性，即使是在现代科学技术发展中，其功能和效益仍在扩展中。如安徽寿县的芍陂，是我国历史最悠久的大型陂塘蓄水灌溉工程，它始建于战国时期最强盛的楚国，历经2600多年至今仍灌溉着67万亩的农田，并成为今天淠史杭灌区的反调节水库。再如同样有2000多年历史的四川都江堰，是世界上年代久远、唯一留存的无坝引水的灌溉工程。经过20世纪以来不断的灌区工程续建改造，今天都江堰灌溉和城乡供水范围从成都平原发展到川中丘陵区。科学是没有时代局限的，而技术是日新月异的。留存至今的古代灌溉工程堪称人与自然和谐相处的典范，生动地诠释了可持续发展的理念。

　　抛弃历史，终究是无本之木；善于继承，方能更好地创新。对于灌溉工程遗产而言，重要的是文化传承，创新则应该体现在对传统工程和灌溉文明的保护上。今天，我们拥有历史留下的珍贵思想与文化资源，悠久的农耕文明和长期的灌溉经验让我们有能力、有智慧从多元的文化中取长补短，为我国灌溉文化的生命传承和现代

社会的建设带来积极的影响。让中华大地上美轮美奂的古代灌溉工程、丰富多彩的灌溉文化，通过我们的保护依然充满生命力，让历史文化在流水潺潺的水渠中、在生机勃勃的田野中得到永恒。

2016年12月于北京玉渊潭

The vast land of the world has given birth to a variety of civilizations. And among them are the time-honored irrigations structures. Till today, a large number of these structures are still providing people with water for both domestic use and irrigation purposes. Having withstood the test of history, these combinations of nature and engineering technologies present the world miracles of civilizations.

In 2014, International Commission on Irrigation and Drainage launched the Register of Heritage Irrigation Structures program. In 2014 and 2015, seven projects from China, including Dongfeng Weir of Leshan, were successfully listed. Since then, China's plentiful ancient irrigation structures have opened another window for people to understand China and its water history.

Thanks to irrigation structures, bumper harvest is guaranteed despite the negative weather impact. In an agricultural society, abundant food is the foundation for social stability and prosperity. China has the tradition of prioritizing farming and irrigation development and has established a irrigation management system that strikes a balance among rights, liabilities, and interests. The institutional and moral restraints within the agricultural civilization have instilled culture and national spirit into irrigation development which in turn has bred its own unique culture. In this way, ancient irrigation structures have prospered throughout generations. However, Heritage Irrigation Structures are not only the passing on of their benefits, but also the cultural memory of Chinese people. Each and every one of them are living examples of China's cultural and technological fortunes and vivid presentations of Chinese history.

In the past 5000 years, the diversity of water resources and environment conditions in China has produced irrigation structures in great variety and quantity. The fact that an ancient irrigation structure is still in operation today is the best testimony to its sustainability and vitality. For instance, Quebei Pond in Anhui province was first built in the Warring States Period. As the oldest of its kind in China, Quebei Pond still nourishes 45000 hectares of farmland and serves as the counter reservoir of Pishihang Irrigation Scheme. Dujiang Weir of Sichuan province is another example of sustainable irrigation development. The 2000-year-old structure is one of the oldest damless irrigation structures retained in the world. Through a number of rehabilitations in the 20th century, Dujiang Weir provides water for farmlands in Chengdu Plain and the hilly area of Central Sichuan. With strong vitality, these ancient structures are examples of human-nature harmony and sustainability.

History is the foundation of development and innovation. For Heritage Irrigation Structures, what matters most is to pass on their legacy. And innovation should be applied to their conservation. Today, granted with the legacy of agricultural civilization and the treasure of modern technology, we're capable of contributing more to irrigation development. Through our efforts, Heritage Irrigation Structures will thrive, and history and culture will attain eternity in the flowing water and vibrant farmland.

Gao Zhanyi
Yuyuantan, Beijing
December, 2016

FOREWORD 前言

　　河套，自古以来，独一无二。

　　河是黄河，诞生于海拔4500米的青藏高原，一路奔涌而下。套是一种形容，若空中俯身鸟瞰，西连贺兰山、东至山西偏关、北到狼山和大青山、南接鄂尔多斯高原所包围大地上会呈现出一个巨大的几字形弯道，河水从乌兰布和沙漠方向蜿蜒而来，在狼山南麓冲积形成带状平原，浩浩荡荡流淌在河套大地上，经年累月，兴衰不息。

　　河套平原是大自然赠予人间的一方福地。原本，年降雨量少于两百毫米的平原由于青藏高原的阻隔，因难以受惠来自印度洋季风的水汽湿润，本该是一片干旱萧瑟、人畜稀少的荒凉之地，谁曾料想，居然发生了奇迹。平原北侧那一道形似天然屏障的阴山，阻挡了蒙古高原南下的烈风和流沙，不待降雨，自有源源不断而来的黄河之水润泽这块神奇的土地。

　　河套灌区是千百年来河套人在这方画布上绘制的巨幅作品。一代又一代河套人不仅仅满足于受惠黄河的恩泽，凝聚智慧，挥洒辛劳，开沟挖渠，耕耘种植，前赴后继地在自然奇迹上再叠加出一个人工奇迹，最终灌区千万亩良田诞生，游牧文明成功转型为农耕文明。大地见证百年沧桑，《明史纪事本末》有云："河套周围三面阻黄河，土肥饶，可耕桑。"每当夏秋之际，沟渠纵横的河套平原庄稼遍野，农田阡陌交错，小麦、玉米、葵花等农作物在富有的光热照射和河水灌溉下茁壮成长，满目青绿，一望无际。

　　除去良田，黄河赠予河套儿女的还有平原上大大小小的湖泊，这些湖泊既有因风蚀作用形成的洼地，也有由黄河改道而留下的天然河堤，积水成湖，星罗棋布，所以蒙古语里的"巴彦淖尔"翻译成汉语就是"富饶的湖泊"。今天的"河套"特指巴彦淖尔所在的后套平原，位于巴彦淖尔境内的"河套灌区"是一个配套完整的一首制灌排体系。这一体系以三盛公黄河水利枢纽为引领，由总干渠、13条干渠以及所辖各级灌渠输配供水直到田间地头，再由总排干沟、12条干沟以及所辖各级沟渠排水，并通过红圪卜扬水站注入乌梁素海排水承泄区，最后经由总排干沟出口段再度退入黄河。

"河套灌区"是前人的遗产，也是后人的家园。作为中国古代水利工程的代表之一，河套灌区在2019年被列入世界灌溉工程遗产名录。这是河套的骄傲，也是河套人传承文化、延续历史的一个重要契机。

中国人治水纵横千年，治水经验丰富又深厚，灌溉遗产遍布大江南北。河套灌区地处农耕文化与游牧文化的交错地带，是黄河多沙河流引水灌溉的经典范例。在历史的长河中，河套灌区灌溉工程的兴衰更迭，不仅见证了区域民族融合，这也是河套灌区遗产价值的重要体现。

"黄河北，阴山南，八百里河套米粮川"，过去河套灌区是当地农业发展、粮食增产和农民增收的基础支撑，如今它成功地把荒漠之地变换成内蒙古高原最重要的粮食产区和生态屏障，和列入名录的其他世界灌溉工程一样，为人类文明发展起到了不可磨灭的作用。

巴彦淖尔市人民政府

2019年12月30日

Hetao, ever since ancient times, has been in a class by itself.

Hetao means 'river noose', where the river is the Yellow River. It was born on the Qinghai-Tibet Plateau at an altitude of 4,500 meters and runs all its way down. Tao – the noose, is an analogy. If you look down from the air, you will see a huge horseshoe shaped curve on the land surrounded by the Helan Mountains in the west, Shanxi Pian Guan in the east, the Wolf Mountain and the Daqingshan in the north, and the Ordos Plateau in the south. Winding from where Ulan Buh Desert lies, forming strip-shaped alluvial plains at the southern foot of Langshan Mountain, the mighty river flows through the land of Hetao, year after year, regardless of rises and falls.

The Hetao plain is a nature blessed land. Geographically, the plain with annual rainfall of less than 200 millimeters, blocked by the Qinghai-Tibet Plateau which makes it unable to benefit from the moisture brought by Indian Ocean monsoon, should be a dry and desolate place having little population of humans and animals. Who would have thought that a miracle had happened? On the north side of the plain, the Yin Mountain, which works like a natural barrier and shuts out the strong winds and quick sands heading south from Mongolian Plateau. Although lack of rainfall, this piece of magic land is getting nourished by non-stopping water from the Yellow River.

The Hetao Irrigation District is a masterpiece art painted by Hetao people on this canvas through thousands of years. From generation to generation, Hetao people were not just satisfied with the benevolence of the Yellow River, instead they've been working hard with wisdom to excavate trenches and canals, plant and cultivate, collectively and continuously superimpose an artificial miracle on the natural one. In the end, tens of millions of acres of fertile farmland were formed in the irrigation district which saw an area originally predominate of nomadic civilization transformed into cultivation civilization. The earth witnessed massive changes through centuries, and "The Chronicles of Ming History" reads: "Hetao encounters the Yellow River on three sides, soil is fertile, suits cultivation." Between summer and autumn, the Hetao Plain with lots of canals and trenches can be seen full of crops in the path-criss-crossing fields. Wheat, corn, sunflowers and other crops thrive under ample sun and sufficient water irrigation, with endless green filling up one's vision.

In addition to fertile fields, the Yellow River also gifted the people of Hetao with many large and small lakes. These lakes were formed either by wind erosion causing lowlands or with water filling natural river embankments left by the Yellow River diversion, scattered all over the plain. Actually "Bayannur" the Mongolian word means "abundant lake". Today's "Hetao" refers specifically to the Houtao Plain where Bayannur is located. The "Hetao Irrigation District" located in Bayannur is a complete single source irrigation and drainage system. This system is driven by the Sansheng Gong Yellow River Water Conservancy Hub, which supplies and distributes water right to the fields through the general main canal, 13 main canals, and irrigation canals at all levels under coordination, and then drain through the general main drainage, 12 main trenches, and ditches at all levels, feed into the Wuliangsuhai flood area via the Hong Ge Bu Yang Water Station, and finally drive water back into the Yellow River through the exit of the general main drainage.

"Hetao Irrigation District" is a heritage from predecessors and also homeland to successors. As one of the representatives of ancient Chinese water conservancy projects, Hetao Irrigation District was listed in the World Heritages of Irrigation Projects in 2019. This is the pride of Hetao, and also an important opportunity for the Hetao people to inherit culture and continue from history.

The Chinese have been dealing with water and its problems for thousands of years, resulting in rich experience in water control and legacy irrigation works all over the country. The Hetao Irrigation District was located between cultivation and nomadic cultures and a classic example of diversion irrigation from a river rich in sands like the Yellow River. In the long river of history, the rises and falls of irrigation works in Hetao Irrigation District not only witnessed the regional ethnic integration, but also reflected the important value of the heritage.

"North of the Yellow River, South of Yinshan Mountain, lies 800 Mile Hetao abundant in crops and grains". In the past, Hetao Irrigation District was the fundamental support to local agriculture, grain production and farmers income; nowadays it successfully transformed the desert place into the most important grains and cereals production base and ecological barrier. Along with all the other listed world irrigation projects, Hetao Irrigation Disctrict has been playing an indelible role in the development of human civilization.

Bayannur Municipal People's Government
December 30, 2019

跃进渠进水闸旁灌溉的稻田

总 序
PREFACE

前 言
FOREWORD

河套灌区鸟瞰

CONTENTS 目 录

最大一弯在河套

山川百世
EVER STANDING MOUNTAINS, EVER FLOWING RIVERS

　　九曲黄河十八弯，最大一弯在河套。东到吕梁山，西到贺兰山，北到阴山山脉，南到长城，黄河的流向是先东北再向东，最终折返向南，形成了一个马蹄形大弯，被形象地称为"河套"。黄河一路奔流，冲积成扇形平原，也孕育出三个塞外粮仓，前有宁夏平原，后有土默川平原，而狭义上的"河套平原"，正是巴彦淖尔所在的后套平原。若从空中俯视，河套平原就像凹嵌在山脉与沙漠之间的一块扇形翡翠。

　　夏秋之交的河套平原上，青黄交织，一派丰收景象，民谚"黄河百害，唯富一套"将一幅渠系发达、湖泊众多、水草丰美、土地肥沃、旱涝保收和瓜果飘香的美丽画面做了一个最生动的文字注解。大漠腹地居然变成粮仓，象征农耕文明的河套，如同一块被游牧文明包围着的飞地，孤独而耀眼，数百年长青。

　　这片土地上拥有巍峨雄浑的阴山、绵延辽阔的乌拉特草原、碧波荡漾的乌梁素海、镶嵌在乌兰布和沙漠之中的明珠——纳林湖……天似苍穹，笼盖四野，北雄南秀，东峻西险。蒙古语中的巴彦淖尔意思就是"富饶的湖泊"，这里不但水系充沛，日照、风能和矿产资源也很丰富。纵横这苍茫与美丽共存、多彩和火热起舞的北疆热土，穿越戈壁，逐梦草原，流连湖泊，徜徉河套，探秘千古遗迹，遥想当年，不教胡马度阴山。

Among the Yellow River's many turns and numerous bends, the biggest is at Hetao. East to Lüliang Mountain, west to Helan Mountain, north to Yinshan Mountain, and south to the Great Wall, the Yellow River flows northeast first, then east, and then turns back to the south, forming a horseshoe-shaped bend, which literally explains the name 'Hetao' (river noose). The Yellow River ran all the way, formed fan-shaped alluvial plain, and fostered three 'grain silos beyond the frontier' - the Ningxia Plain in the front, and the Haote Plain at the back, while in the narrow sense, the 'Hetao plain' is the 'Houtao' Plain where Bayannur is. Viewed from the air, the Hetao Plain is like a fan-shaped emerald embedded between the mountains and the desert.

At the turn of summer and autumn, the green and yellow are interwoven in the Hetao Plain, depicting a harvest scene. The old saying that 'the Yellow River did harm to all other places but only enriched Hetao' makes the most vivid text annotation to the beautiful picture consisting of numerous canals, lakes, wetlands and grass, fertile lands, fruits and melons which promises harvests even during drought or flood. The fact that the hinterland of a desert eventually became an abundant granary symbolizes the deep and prolonged farming civilization in the Hetao, a piece of enclave surrounded by nomadic civilizations. Lonely and dazzling,

This vast piece of land is home to the majestic Yinshan Mountain, the ever-stretching Urat grassland, the undulating Ulansuhai Nur, and Nalin Lake the pearl in the Ulan Buh Desert ... 'over the earth hangs the sky like a huge tent, where the north is majestic, south beautiful, east steep and west forbidden'. Bayannur in Mongolian means "rich lake". It is rich not only in water systems, but also in sunshine, wind energy and mineral resources. Going through this prosperous land in northern frontier combining wildness and beauty, full of colour and passion, cross the Gobi and the plain, linger beside lakes and wander in Hetao, and explore the ancient heritages while thinking back in history that the northern invading tribes were shut outside Yinshan Mountain.

河套平原

作为一种地貌形态，平原或是濒临海洋，或是分布在宽阔的大河两岸，中国的河套平原属于后者，它完全是黄河的自然作品。流经宁夏和内蒙古境内的黄河将上游携带而下的泥沙在贺兰山脉以东、狼山和大青山以南的陷落地带，日积月累，反复冲刷堆积成了广义上的"河套平原"。在宁夏境内，青铜峡到石嘴山之间的是银川平原。在内蒙古境内以乌拉山为界，分为土默川平原（即敕勒川）的"前套"和巴彦淖尔平原的"后套"。

"河套"一词自元代起被广泛使用，主要指贺兰山以东、狼山与大青山以南的黄河沿岸地区。到新中国成立后，特别是黄河三盛公水利枢纽工程建成，国家批准"河套"为内蒙古自治区境内一个独立的一级行政区，这个词的区域独立性便得以最终确认。

河套平原在行政区划上绝大部分属于内蒙古自治区西部的巴彦淖尔市，包括磴口县、杭锦后旗、临河区、五原县、乌拉特前旗五个旗县和乌拉特中旗、乌拉特后旗的山前农业区。城市北部为乌拉特草原，中部为阴山山脉，南部为河套平原，西与乌兰布和大沙漠相接，东与包头市郊为邻。这片区域约2.6万平方千米，北纬40°10′到41°20′，东经106°25′到112°。东西长约500千米，南北宽20到90千米，

◀ 丰饶的河套平原

◢ 乌拉特草原旁盛开的油菜花

河套红高粱

海拔在1000米左右的土地上，耕地、草原、荒滩相间，林木与河渠交织纵横，冲积平原地势平坦，土地肥沃。

河套平原地区有着典型的中温带大陆性季风气候，年平均气温在6℃～8℃之间，自东向西升高，平均相对湿度40%～50%。值得一提的是，这里的光热资源十分丰富，全年无霜期135～150天，日照时数长达3100～3300小时，是中国日照时数最多的地区之一。

由于平均年降水量仅为150～200毫米，且自东向西递减，越向西部，气候越干旱。干旱化的荒漠区，加之雨量稀少，所以2000多年来一直靠取黄河之水灌溉农田。但旱灾还不是这里最主要的自然灾害，主要自然灾害则是来自风沙所带来的沙化威胁、黄河洪水和山洪泛滥所造成的损失以及用水不当引起的土壤盐碱化。

连接鄂尔多斯市和巴彦淖尔市的临河黄河大桥

黄河

河套地区尽管降水不多，但依旧土壤肥沃，物产丰富，这一切都要归功于黄河的恩宠。

在黄河蜿蜒东流的5000余千米中，流经内蒙古自治区境内的就有800多千米，包括了巴彦淖尔、鄂尔多斯、乌海、阿拉善、包头、呼和浩特6个地区。黄河进入河套地区后，逶迤蜿蜒，因河曲发达，向东的黄河水携带大量泥沙经长年累月地冲积，在这里形成了带状平原。历史上，黄河历经了多次改道，从空中俯瞰，从巴彦淖尔市的磴口县渡口处开始分岔，但与黄河并行向东的这条渠恰是1958年在河套灌区人工开挖的一条总干渠，当地老百姓俗称"二黄河"，分岔的地方就是1961年建成的三盛公水利枢纽。到1967年，总干渠一至四闸四个分水闸全部建成运行，全线通水汇于一处，最后从三湖河流出巴彦淖尔市。境内全长有340千米，流域面积3.4万平方千米。

如今黄河故道上密密麻麻的支流交错分布，构成了滋养数百里河套的庞大灌排系统，也成就了河套的美名。

春回大地的河套灌区

河套灌区

　　位于黄河内蒙古段北岸"几"字弯上的河套灌区，地面高程在1018米至1050米之间，地形总的倾斜方向由西南向东北展开，整体以平坡为主。从巴彦淖尔市的磴口县（巴彦高勒）到包头市东之间，黄河之水在巍峨的山脉与浩瀚的黄沙之间平缓流淌。灌区西与乌兰布和及保尔套勒盖灌域相连，东至乌梁素海以东苏吉沙漠，北至狼山，南至黄河，呈一个扇形区域，农田面积约1020万亩。

　　长期的水利开发和农业灌溉，使灌区内渠道纵横交织，

原有的地貌大为改观。据统计，黄河流经巴彦淖尔市域南部，自西向东穿过，年最大过境水量达316亿立方米，黄河丰富的水资源量确保了灌区内的农田灌溉。

　　由于地处黄河冲积平原，灌区地势平坦，土地肥沃，农作物种类很多，有小麦、甜菜、玉米、胡麻、葵花、糜子及瓜果、蔬菜等。盛产的特色农副产品有乌拉特羊肉、磴口华莱士瓜、河套肉苁蓉、河套番茄、五原小麦、五原向日葵、五原灯笼红香瓜等。

乌梁素海

在内蒙古的河套腹地，境内因黄河冲积层在长期风蚀作用下形成许多风蚀洼地和黄河改道时冲刷的天然壕沟。这些洼地与壕沟长年积水，形成大小不同的海子（湖泊），星罗棋布，仅巴彦淖尔市就有300多个，面积约470平方千米，多数分布在河套平原上。面积在1平方千米以上的湖泊就有10个，其中位于河套平原东端的乌梁素海是最大的自然湖泊，水域面积达293平方千米，最大平均水深1.8米，最大深度4.8米，最大蓄水量5.5亿立方米。1967年总排干沟完成后，这个湖的面积和作用就增加了，成为河套灌区排水承泄区和向黄河干流的调节水库，也是黄河干流蓄滞洪区之一和国家级自然生态保护区。

乌梁素海位于巴彦淖尔的乌拉特前旗，是中国八大淡水湖之一，有着"塞外明珠"的美誉。"乌梁素海"在蒙古语里意思是"生长红柳的地方"，可见先有地名后有湖。湖南北长约50千米，东西宽约20千米，形似一瓣橘，被湖面上生长的茂盛芦苇和蒲草分割成大小不一的几个水域。湖水中生长着20多种鱼类，尤其以盛产黄河大鲤鱼而蜚声内蒙古。

每当春秋两季，会有130多种珍禽异鸟在这里安家落户，繁衍生息，其中包括被列入国家重点保护动物的疣鼻天鹅、大天鹅、斑嘴鹈鹕和琵琶鹭等。

作为黄河改道形成的河迹湖，乌梁素海如今已成为河套灌区水利工程的重要组成部分，由于接纳了河套地区90%以上的农田排水，又经过湖泊的生物生化作用后排入黄河，所以对改变水质、调控水量、控制河套地区盐碱化起到一定的作用，其湿地生态系统对维护周边地区生态平衡也起到相当重要的作用。

波光潋滟、水天一色的湖面

茂盛的芦苇

奈伦湖

　　奈伦湖位于乌兰布和沙漠应急分洪区，距离临河区约80千米，是由凌汛期黄河分流洪水形成的，具有分洪防凌的功能。现有面积104平方千米，是巴彦淖尔市最大的人工湖。由于气候适宜、水质好、浮游生物丰富，奈伦湖每年都吸引了大批鸟类在此栖息、逗留，并在湖中的沙洲和沙生植物上筑巢安家、繁衍。

　　无数的珍禽异鸟翩然而至，便形成了一道奇观：烟波浩渺，千鸟盘旋，翠苇摆荡。置身其间，临湖而憩，即便是在炎热的夏季，这里依旧空气清新、温度宜人。

落日下的奈伦湖

牧羊海里的水鸟

牧羊海

在乌拉特中旗乌梁素太苏木境内，距离临河区东北约110千米处有着巴彦淖尔第二大水面——牧羊海，它是"鸿雁之乡"乌拉特中旗唯一的淡水湖。牧羊海现有水面34平方千米，其中养鱼水面约20平方千米，苇蒲水面14平方千米，系2000多年前黄河改道所形成，由大汗、牧羊、刘铁三个湖泊组成。

牧羊海自然风光优美，茂密的芦苇和香蒲、浩瀚的湿地、稀少的人烟，为野生鸟类创造了良好的栖息环境，这里生长着天鹅、鸿雁、白琵鹭、野鸭等候鸟类10余种，湖中有鲤鱼、草鱼、鲫鱼、鲢鱼为主的淡水鱼类10余种。由于地处河套平原腹地，周边旅游资源集聚，分布有牧场、石林、古长城遗迹、岩画、古庙，以及文化旅游区和水利风景区等。

纳林湖

在距离乌兰布和沙漠东北部磴口县40千米处的巴彦淖尔农垦纳林套海农场，有着一片原始天然形成的不规则半月形处女湖，它就是内蒙古西部第二大淡水湖——纳林湖。

纳林湖面积约13平方千米，有大小岛屿10余处，湖水平均深度3.5米，最深可达6米。作为鸟类的繁殖地和迁徙地，每年都有百余种候鸟在这里生长繁殖，其中国家一、二级保护鸟类有：白天鹅、黑天鹅、灰鹤、白鹭、灰鹭等数10种。超过60%的净水面积中还盛产黄河鲤鱼、草鱼、鲫鱼、鲢鱼、鲶鱼、武昌鱼及河蟹、河虾等。

纳林湖自然条件优越，北岸是连绵起伏的沙丘，南岸则是千亩胡杨树，湖里长有茂密的芦苇，成为河套平原上继乌梁素海之后又一个极具旅游开发价值的淡水湖和重要湿地。纳林湖景区规划面积20平方千米，湖泊湿地12平方千米，现被列为国家级湿地公园和国家AAAA级旅游景区。

☒ 纳林湖芦苇环绕
☒ 夕阳下的湖水水面

黄河湿地公园里的雕塑

放下河灯的湿地公园之夜

黄河湿地

在巴彦淖尔市临河区的南端，双河新区的北侧，有一片面积近200万平方米的黄河湿地，其中黄河总干渠河道面积有60多万平方米。湿地内植物类型多样，包含林地、灌丛、草甸、沼泽、水生植物等多种植被群落类型。动物资源也很丰富，有鸟类、浮游动物、鱼类、两栖类等；还有维管束植物、浮游植物等。依托湿地建起的公园以生态保护、文化传播、休闲游览和自然野趣为主要内容，分为蒙元文化展示区、都市文化休闲区、黄河文化展示区、农耕文明观赏区、生态渔业体验区、生态休闲娱乐区、水上活动娱乐区等7个功能区。公园还划有湿地保育区、恢复重建区、合理利用区、宣教展示区和管理服务区5个功能区，为巴彦淖尔境内乃至黄河流域滩涂湿地保护、恢复、利用起到示范作用，更为黄河流域国家湿地公园建设提供了参考。

临河区湿地公园的蒙元文化展示区

河套平原北边远处的阴山山麓

12

阴山山脉

　　阴山山脉是中国北部东西向山脉和重要地理分界线，还是中国季风与非季风区的北界，属温带半干旱与干旱气候的过渡带。山脉西起狼山、乌拉山，中为大青山、灰腾梁山，南为凉城山、桦山，东为大马群山。长约1200千米，平均海拔1500～2000米，山顶海拔2000～2400米。

　　阴山南麓原是夹在蒙古高原和鄂尔多斯高原之间的水草丰美之地，如今以阴山1000多米的落差直降到黄河河套平原，平原就在阴山山脉与黄河之间。经过长期流水的侵蚀，现在的山脉边缘与地质构造上的断层边缘相比向北后退

了10～30千米。南麓的年平均气温为5.6℃～7.9℃，无霜期130～160天，风小而少。在农业生产上，山南的河套平原为农业区，而山区则为农牧林交错地区。

　　巴彦淖尔市以阴山山脉为分水岭，河流划分为两大水系，山脉南侧即为流向河套灌区的黄河水系。伫足于阴山支脉乌拉山的昆都仑河畔，遥望着宽达3000米以上的河面，映入眼帘的景象令人心驰神往：北侧横亘的狼山与东流的黄河并驾齐驱。

乌拉山

　　乌拉山位于巴彦淖尔市乌拉特前旗西山嘴至包头市昆都仑河，绵延70多千米，因其地理位置优越、自然风光秀丽、人文景观丰富，被誉为"塞外小华山"。1992年成为国家林业部确定的国家森林公园中最大的一个。乌拉山万仞高峰，千秋林海，泉清林翠，是内蒙古西部地区的旅游胜地。其中森林公园面积约为1万公顷，内集山、水、树、石、花、草、

古庙为一体，有两条长约10余千米的峡谷。最高峰大桦背主峰，海拔2322米。山间的溪流河谷从主峰延伸至沟口。

　　乌拉山森林公园动植物资源丰富，有国家一、二级保护动物20多种，主要是野生动物及鸟类，如雪豹、金雕、玉带海雕、蒙古斑羚、猞猁等。植物以乔木、灌木为主，还有野生药材芍药、细叶百合、黄芪、党参等100余种。

春天的乌拉山

秋天大桦背

乌拉特草原

乌拉特草原是内蒙古自治区九大集中分布的天然草场之一。北与蒙古国接壤，南靠阴山，西连阿拉善盟。

草原主要分布于乌拉特前旗、乌拉特中旗、乌拉特后旗和磴口县境内，地势从西北向东南倾斜，面积达509万公顷，其中可利用面积413.9万公顷。由于86.6%属于荒漠半荒漠草场，因而昼夜温差较大。夏秋两季，这里绿草如茵，牛羊肥壮，气候凉爽，幽静宜人。

乌拉特草原在历史上孕育了匈奴、鲜卑、突厥、蒙古等草原民族，留下了悠久灿烂的游牧文化。草原的那达慕大会是当地传统的群众集会，每年举行一次。主要内容有摔跤、赛马、套马、赛骆驼、舞蹈等活动。

草原上的牧马人

乌兰布和沙漠

位于内蒙古西部、宁夏东部、黄河西岸的乌兰布和沙漠，在河套地区横跨了阿拉善和巴彦淖尔，是中国的八大沙漠之一。蒙古语的"乌兰布和"意指"红色的公牛"。沙漠北至狼山，东近黄河，南至贺兰山麓，西至吉兰泰盐池，总面积约1万平方千米。沙漠属中温带干旱气候，年均降水量102.9毫米，年均蒸发量2258.8毫米，日照充沛，风势强烈，昼夜温差大。

沙漠南部多流沙，中部多垄岗形沙丘，北部多固定和半固定沙丘。黄河自南向北流经巴彦淖尔市磴口县的东南端，在磴口县境内的总面积有425万亩，约占全县土地总面积的68%。由于磴口绿洲的地势自东南向西北倾斜，平均海拔在1000米左右。而乌兰布和沙漠整个地势都低于黄河水面，具有引黄灌溉的条件，从而弥补了降雨少，蒸发大，干旱缺水的不利因素。沙漠内除种树种草外，还盛产"沙漠人参"肉苁蓉。

◁ 金色的乌拉特草原
▽ 浩瀚的乌兰布和沙漠

位于乌拉特中旗的秦长城遗迹

印记千年

IMPRINTS THROUGH THOUSANDS OF YEARS

千百年来，祖先在河套这块土地上繁衍生息、辛勤耕耘，边塞、草原、黄河和农耕等诸多元素在此聚集、撞击和融合，地域特色鲜明，民族特色兼容，丰富多彩的河套文化由此孕育而成，积淀的同时随岁月向前奔腾不息，宛若蜿蜒的黄河之水，源远流长。

如果说黄河是河套有温度的血脉，阴山便是河套有张力的脊梁。巴彦淖尔市东北方向160千米处的阴山岩画具有明显的地域特征，通过大量的动物、人物、飞禽走兽、日月星辰的图案和符号，将北方游牧民族的衣、食、住、行等各方面的生活场景，凿刻在东西延伸5000多米的岩石崖壁上。

河套地区自古以来就是兵家必争之地，从战国到秦汉，战火硝烟数百年连绵不断，演绎着无数血与火的悲壮故事。汉将卫青在公元前127年（汉武帝元朔二年）率兵击败匈奴，夺取河套，设朔方、五原二郡，移民数万之后，一场史无前例的戍边农垦就此拉开了历史的序幕。

明清以来，河套地区曾经修建了上百座宗教建筑，包括汉传和藏传佛教寺庙、基督教和天主教堂、清真寺和道教庙堂等，这些庙堂遍布河套山野和草原之间，承载厚重的历史积淀，既是寄托信仰的宗教场所，也是凝聚汉、蒙古、藏、回等各民族的精神纽带，属于河套文化中浓墨重彩的一笔。

河套地区还是中国边塞诗歌的主要发源之地，唐宋元明清，无数文人墨客以他们遐思和豪情吟唱、抒写，为这片广袤而神奇的土地留下了无数千年印记、万古绝唱。

For thousands of years, ancestors lived, worked hard and thrived in this land. The natural and cultural varieties including frontier, grasslands, the Yellow River and cultivation culture met, collided, merged and fused here. With distinct regional and ethnical characteristics, the colorful and versatile Hetao culture was thus fostered, accumulated and evolved dramatically, just like the long winding Yellow River.

If the Yellow River is the blood vein of the Hetao, then Yinshan is her tensioned spine. The Yinshan Petroglyphs, some 160 kilometers northeast of Bayannur City, display obviously territorial characteristics. Through a large number of animal and human figures, birds and beasts, the patterns and symbols of the sun, moon, and stars, the northern nomads' clothing, food, dwelling, travel and other aspects of life scenes were carved on rock cliffs extending more than 5 kilometers from east to west.

Ever since the ancient times, the Hetao area has always been a hot battleground. From the Warring States Period to Qin and Han Dynasties, the flames of war had been going on for hundreds of years, presenting countless tragic stories of blood and fire. In 127 BC (Emperor Hanwu Yuanshuo 2nd year) General Han Wei Qing led the army and defeated the Huns, took over Hetao, established Shuofang County and Wuyuan County, and migrated tens of thousands there. An unprecedented history of frontier agricultural cultivation unveiled.

Since the Ming and Qing Dynasties, hundreds of religious buildings have been built in the Hetao area, including Chinese and Tibetan Buddhist temples, Christian and Catholic churches, mosques and Taoist temples. These religious buildings are located across the mountains and grasslands in Hetao, bearing a heavy historical accumulation. They are not only places where faith is held for, but also a spiritual bond that unites Han, Tibetan, Mongolian, Hui and all other ethnic groups, which is really one of the highlights in Hetao culture.

The Hetao area is also predominately where Chinese frontier poetry originated. In Tang, Song, Yuan, Ming and Qing Dynasties, numerous literati and poets chanted and wrote with their reveries and passion, and left countless imprints and masterpieces through thousands of years in this vast and magical land.

阴山岩刻

河套文化历史悠久，积淀深厚，是黄河文化的重要组成部分，是我国北方文化中的瑰宝。各族人民在这块土地上共同生活、劳动、融合、传承，创造了灿烂的河套文化，具有鲜明的地域特色，其中阴山山脉所保留下来的岩刻是最好的例证之一。

岩刻是人类在没有文字之前绘画或刻制在石头上的图画。作为早期人类文化的载体，是一种世界性的古代文化现象。阴山岩刻就是河套文化最典型、最重要的元素之一。

在巴彦淖尔市乌拉特中旗南部地里哈日山地和磴口县北托林沟山地的黑石上，分布着我国已发现的题材最广泛、内容最丰富、艺术最为精湛的岩刻，也是世界上最丰富和发现最早的岩刻之一。2006年被列入全国重点文物保护单位，2012年被列入《中国世界文化遗产预备名单》。

阴山岩刻历经旧石器、新石器、青铜、铁器等不同时代，以古老的语言和直观的图像演绎出原始人类丰富的生活和生产等信息。在东西绵延5000多米的山地黑石上分布着1000余幅的岩刻，北托林沟山地黑石上也分布着500余幅。其中面积最大的是乌拉特后旗大坝沟口西畔石头上面积约400平方米的正方形岩画。这些岩刻除了刻绘当时国家间的残酷战争和友好交流外，还形象地记录了远古以来阴山地区社会发展中人们的社会实践、宗教信仰、心理活动，以及生存繁衍的环境变化。

作为河套文化远古史最好的佐证，阴山岩刻在世界岩画史和中华民族文化遗产中占有重要地位，具有极高的历史文化研究价值。

岩刻上的群虎图案

位于乌拉特前旗的秦长城遗址

古长城

据《史记》载，战国时期赵国便开始在河套地区修建长城，后来还建有秦长城、汉长城等不同历史时期的长城。赵长城从河北宣化开始，经山西北部，西北折入阴山，一直延伸到河套狼山山脉的高阙塞。长城逶迤于阴山南麓的群峰丘陵之中，古代这片地带是兵家必争之地。到了秦代，为有效扼制匈奴伺机南下，将山间谷地置于秦军的控制之下，公元前214年，蒙恬将军在河套地区的阴山、乌拉山等山间修筑了长城，极大地提高了军事防御能力。

在河套地区北部山间谷地所留有的秦长城遗址中，尤以巴彦淖尔市境内的分布较广，约占内蒙古自治区的三分之一，东起乌拉特前旗小佘太镇，西至乌拉特后旗潮格温都尔镇。其中距离临河区东北部约240千米的小佘太秦长城，始建于公元前219年，是目前保存最为完整的秦长城遗址之一，2005年被列为国家一级保护文物。

整段长城全长240千米，横断面为梯形，采用层层交错叠压的方法由石料垒砌而成，坡段30度，基宽约4~6米，顶宽约1~3米，高约5~6米。所用石料均就地取材，人工敲砸而成。长城南侧较为平缓的山脊上，每隔500~1000米就建有土筑眺望台；较高的山顶上，每隔5000米左右，均筑有相互呼应的烽火台，底边呈正方形，边长10米，高2~3米。

高阙塞

　　作为控制着北方草原通向河套的交通咽喉，河套地区保留了一些赵、秦、汉时期的军事要塞，这些要塞常年由戍边士兵把守，凭借绝佳地势，易守难攻。较为有名的就是高阙塞。

　　高阙塞位于临河区西北约80千米处乌拉特后旗乌拉山与狼山之间缺口的一个台地断崖上。因战国时属赵，后被认为是赵长城最西端的遗迹。现存南北两个相连的小城。北城呈方形，边长约40米，城墙用较大鹅卵石垒砌而成。南城为长方形，东西长64米，南北宽48米，城墙较窄，出土有汉代的兵器等遗物。南北两城建筑风格明显不同，非同时代一次修筑。在整个城址北墙及西墙外的缓坡上，有近300米长的石墙环绕，石墙与城西的一个小山包相连，山包顶部有一方形石砌建筑，应为坍塌的烽火台遗址。在古城和烽火台的西面，一个山沟的两侧各有一座暗红色山峰高高耸立，形似双阙，高阙塞可能据此得名。

高阙塞烽火台遗址

整个城址位于
两个山沟的交汇之处

鸡鹿塞

在距离临河区约90千米的磴口县西北，狼山西南段哈隆格乃峡谷南口的鸡鹿塞是汉代重要的军事要塞之一。

始建于公元前51年的鸡鹿塞，原塞城临崖而筑，呈正方形，全用石块修砌。相传汉将卫青、霍去病曾在此击败匈奴右贤王。现存遗址虽有部分倾圮，但整个形制大体完好。残墙高约7米左右，最高处残存约8米，城四角还各有加固工事。城内曾出土有绳纹瓦及绳纹砖等汉代遗物。

据《汉书》记载，公元前33年，元帝将王昭君赐与单于为妻，昭君偕单于出塞，就是从鸡鹿塞经由哈隆格乃峡谷前往漠北的，后成为记录汉朝与匈奴经济、文化友好往来的历史见证。

空中鸟瞰鸡鹿塞

阴山脚下的鸡鹿塞

朔方郡故城

朔方郡故城位于巴彦淖尔市及市西南的磴口县。作为汉代边疆防御体系中的重要组成部分，2006年被列入全国重点文物保护单位。

始建于西周的朔方郡故城现存有5处遗址，总占地面积2250万平方米。其中临戎古城遗址、三封古城遗址、窳浑古城遗址3座故城在磴口县；沃野镇古城遗址、临河古城遗址2座故城在巴彦淖尔市。临戎古城遗址（朔方郡郡址）、三封古城遗址、窳浑古城遗址、沃野镇古城遗址均呈方形，面积分别为900万平方米、40万平方米、5万平方米、35万平方米；临河古城遗址则呈长方形，面积约12万平方米。所有遗址夯筑城墙残高约0.5至5米，城周围分布有居住遗址和作坊遗址，周围有大量同期墓葬区。

朔方郡故城地表散布绳纹砖瓦，绳纹、波浪纹、方格纹陶罐、瓮、盆残片及"五铢"铜钱等遗物，成为秦汉时期民族的历史和相互交流的佐证。

窳浑古城遗址

新忽热古城遗址

位于临河区东北约180千米乌拉特中旗的新忽热古城遗址是阴山北部地区汉代长城附近的一座大型古城，2013年被列为全国重点文物保护单位。

古城始建于公元前105年，为汉代的一座军事治所。后经南北朝、隋唐、宋、西夏和蒙元时代，历朝都有所沿用和加固。古城遗址平面为正方形，正南北方向，东西长和南北宽均约950米。城墙为土夯而成，最高处为8米。南墙与东墙还各设有宽为12米的城门。

城内曾出土有汉代陶片、唐代钱币、西夏陶器残片等文物。据《蒙古秘史》记载，古城曾是成吉思汗从漠北南下六次征伐西夏时第一个攻克的城池。

古城城墙遗迹

四大股庙普济寺

　　明、清以来，河套地区陆续建有大量宗教庙堂，据不完全统计，约有162座，其中包括喇嘛庙100座、天主教堂21座、基督教堂7座、清真寺18座、汉佛寺10座、道教庙堂3座、在理教堂3座，这些宗教庙堂遍布境内，历史悠久，与河套地区水利开渠有着密切关系的当属四大股庙普济寺。

　　四大股庙普济寺位于临河区东北约90千米的五原县境内，原名四大股庙，始建于1872年（清同治十一年），由当地绅士王同春、万太公、万德原和四川商人郭大义合成四股，重新修浚短鞭子渠后建此庙。早期四大股庙规模宏大、建筑工艺精湛、佛事活动频繁、香火旺盛，然而在抗日战争时期遭遇损毁。2008年开始重建，并重新命名为四大股普济寺。

　　2010年重建落成的四大股普济寺占地面积约3万多平方米，建有牌楼、山门殿、天王殿、大雄宝殿、伽蓝殿、藏经楼、钟鼓楼、僧寮等建筑。

　　寺正殿前廊东壁下立有一石碑，是有着"河套水利之父"

寺庙山门殿正门

之称的王同春在1902年重修庙时由地商和乡民所立，碑高6尺、宽4尺，记述了王同春开渠建庙的事迹和河套的垦务史，具有较高的史料价值。

修缮后寺庙建筑群

空中鸟瞰教堂

三盛公天主教堂

天主教传入河套地区有120多年的历史，位于临河区西南约60千米磴口县巴彦高勒镇的三盛公天主教堂是河套地区最早建成的天主教堂，也是西北地区最大的天主教堂，2006年被列为内蒙古自治区重点文物保护单位。

"三盛公"原为晋商开的一家油坊，后来商号渐渐没落，1893年比利时的德玉明神甫在购买的"三盛公"部分房屋原址上兴建起教堂，成为西南蒙古教区的主教府，管辖着西南蒙古地区和陕北部分地区四万多名教徒。其间天主教会采取各种手段控制了大量土地，为增加教会收入又不断组织教民兴修水利。到1913年仅在磴口地区，天主教会已开凿了10余条灌溉水渠，累计长度80多里。现教堂为1982年修缮后的，建筑风格融会中西，占地面积近700平方米。主建筑为圣堂，立面形象构成要素上吸取西方哥特式建筑的处理手法，屋顶建筑风格富有中国地方民族特色。教堂可同时容纳3000人礼拜。

在范长江所著的《中国的西北角》一书中对三盛公天主教堂就有这样的描述："当时规模不大，庚子赔款后集数十年之经营，教堂规模逐渐扩大"，可见其发展之快。作为河套平原上一座具有里程碑意义的教堂，其建筑之美、影响之深独一无二。

教堂东面的老墙

粮仓博物馆

　　1926年，著名爱国将领冯玉祥率部驻扎在河套地区，举行中外闻名的五原誓师大会后挥师参加北伐。当时，冯玉祥西北军囤粮的地方就在五原县，建有主体建筑3栋8间，均为土木结构，存储粮食达36万公斤。2014年，磴口县政府对老粮库进行维修加固建立博物馆。

　　博物馆被命名为冯玉祥西北军粮仓博物馆，馆址在临河区西南约60千米磴口县巴彦高勒镇城关村，是内蒙古自治区第一个以粮仓为布展主题的博物馆。

　　博物馆占地5500平方米，建筑面积1260平方米，内设11个展厅和3个互动展示区。以实物、文字、图片、场景等陈展形式，集中展示了磴口乃至河套地区厚重的粮食仓储文化。上溯到清末左宗棠平定新疆驼队运粮、西北军军粮仓储与流转；下延至新中国成立后粮仓为当时国家重点建设工程三盛公水利枢纽、黄河三盛公铁路大桥保障粮食供应，计划经济时代为城镇居民保障粮油供应等史实。

粮仓博物馆外景

阿贵庙

阿贵庙位于临河区西约100千米磴口县沙金套海苏木境内的狼山山脉中，依山临水而建，是内蒙古地区红教喇嘛的唯一寺庙。"阿贵"为蒙古语，意为"山洞"。始建于1877年（清光绪三年），藏名为"拉西任布·嘎定林阿贵"，清朝改为宗乘寺。占地约1500亩，为典型藏式建筑，顺山势建有大雄宝殿及配殿，共981间。庙四周的山崖峭壁上有5个天然岩洞，有"一奇、二幽、三高、四险"的佳境。附近有一眼"神泉"。山前冲积扇生长着多种沙生植物，被内蒙古自治区列为天然林保护区。

夕阳映射下的黄河水坛

黄河水坛

　　黄河不仅养育了中华民族，也养育了河套儿女。在几千年的历史长河里，这里的人们对黄河的认识和依赖，形成了独具特色的黄河文明和水利文化。位于临河区西南60千米的黄河三盛公水利风景区就是以三盛公水利枢纽工程所辖的黄河河道及其管理保护范围内的自然资源和人文资源确立的。

　　黄河水坛是三盛公水利风景区历时三年时间打造的人文景观。水坛由三层平台组成，整体使用红片石砌筑。底层平台直径339米，总长9999米的水道组成八卦水域迷宫。中心平台为过渡，顶层平台沿外围用12扇高6.6米、宽3米的废闸门矗立围合，上面镌刻着中华水文化中的名言警句。中心是高10.9米的不锈钢结构雕塑"黄河之水天上来"。

黄河水坛近景

27

黄河水利文化博物馆外景

馆藏汉代彩纹陶鼎

馆藏唐代铁镢头

黄河水利文化博物馆

　　河套地区2000多年的经济社会发展史，其实就是一部由黄河水潺潺流淌出来的水利开发史，河套文化也是一部伴随水利工程建设的灿烂文化。2000多年来，所遗留下来的文物宝藏，都集中展示了河套文化萌生、发展、成熟、兴盛的历史全貌，堪称河套文化的一部立体百科全书。

　　2013年，巴彦淖尔市人民政府、内蒙古自治区水利厅、内蒙古河套灌区管理总局高度重视水利文化建设，在临河区内兴建了黄河水利文化博物馆，再次提升了河套水利文化的影响力与知名度。

河套农耕文化博览苑

几千年来，黄河文化、边塞文化、草原文化、农耕文化在河套地区融合、发展。如今河套灌区的人口近150万，涵盖巴彦淖尔市、鄂尔多斯市、阿拉善盟9个旗县区和19个农牧场，生活着蒙古族、回族等20多个民族。在这片热土上，映照着农耕文化与游牧文化的碰撞与磨合。

位于临河区东北约90千米处的五原隆兴昌镇，是河套地区农耕文明的发祥地，河套农耕文化博览苑作为巴彦淖尔市"十二五"规划重点项目，入选了国家2015年度的丝绸之路重点文化产业项目。

博览苑占地约1万亩，包括河套农耕文化博物馆、观光农业采摘区、河套农耕文化体验区、河套民俗文化村、河套农家乐等六个文化产业基地及重要节点景观。博览苑以农耕文化为主题，融科普性、教育性、参与性、趣味性为一体，把河套农耕文化和现代农业发展有机结合起来，全方位勾画出了从古到今河套农耕文化的全景图。

馆藏20世纪50年代初的农用马车

河套农耕文化博物馆牌匾

总干渠及两岸农田

古渠今生
PASTS AND PRESENTS OF ANCIENT CANALS

河套灌区开发的漫长历史在两千多年前就拉开了序幕，秦代完成了北部开发，汉代开始了西部开发，北魏进行了东部开发。沉寂了一千多年后，到了19世纪20年代，河套中部出现了一轮大规模的开发，这一轮开发从清代晚期一直持续到民国初期。

公元前221年，秦始皇统一中国，公元前215年，蒙恬率30万大军北击匈奴，为了保证大军粮草供给，秦朝开始移民屯垦戍边，沿黄河设置郡县，引水灌田，这便是河套灌溉交响曲的第一篇乐章。

之后，战乱多和平少，但每一次屯田、开渠、耕种都会给河套地区带来一波繁荣。1850年（清道光三十年），河套地区发生了一件大事：乌兰布和沙漠的不断向东侵入，导致原本是黄河主河道的北支（乌加河河床）突然被黄沙截断，滚滚黄河流水顺势进入南支，使得靠近鄂尔多斯高原的南支变成了新干流。30年之后人们才发现，黄河改道这一事件为北岸的荒漠和沼泽滩地提供了引水灌溉的自然条件。1874年（清同治十三年），年仅22岁的王同春主持开凿了"四大股渠"，这条渠道后来命名为"通济渠"，直到今日还在灌溉惠泽这片土地。从清代同治到光绪年间，王同春自己独立投资开凿了刚济渠、丰济渠、灶河渠、沙河渠和义和渠等五条干渠，同时与他人合伙开凿通济渠、长济渠和塔布渠等三条干渠，这八大干渠便成为河套灌区的最初原型。20世纪40年代中期，原八大干渠扩建调整为十大干渠，河套灌区工程体系格局基本成型。

The long history of the development of the Hetao Irrigation District started more than 2,000 years ago. The northern development was completed in the Qin Dynasty, the western started in the Han Dynasty, and the eastern in the Northern Wei Dynasty. After more than a thousand years of going down quiet, in the 1820s, a large-scale development took place in central Hetao. This round of development continued from the late Qing Dynasty to the beginning of the Republic of China.

In 221 BC, Emperor Qin Shihuang unified China. In 215 BC, Meng Tian led a 300,000 army to strike the Huns. In order to ensure the forage supply, Qin began to migrate people to the frontier, set up counties along the Yellow River, and diverted water into the fields. This was the first chapter of the Hetao Irrigation Symphony.

Since then, there were more wars than peace, but every round of farming, canals opening and cultivation brought a wave of prosperity to Hetao. In 1850 (Daoguang 3rd year in the Qing Dynasty), a major event occurred in the Hetao area. The continuous eastward invasion of Ulan Buh Desert led to the northern branch of the main stream of the Yellow River (the river bed of the Uga River) being suddenly cut off by sands. The rushing water of the Yellow River flew into the southern branch close to the Ordos Plateau and made it a new mainstream of the Yellow River. Thirty years later, it was discovered that the diversion of the Yellow River actually provided natural conditions for diversion irrigation in the deserts and swamp flats on the north shore. In 1874 (the thirteen year of Tongzhi of the Qing Dynasty), Wang Tongchun, who was only 20 years old, supervised the excavation of the 'four major canals'. This channel was later named "Tongji Canal" and is still irrigating the land to this day. From Tongzhi to Guangxu in the Qing Dynasty, Wang Tongchun independently invested in five main canals, including Gangji Canal, Fengji Canal, Zaohe Canal, Shahe Canal, and Yihe Canal. He also co-invested in Tongji, Changji and Tabu Canals. The total of eight main canals became the original prototype of the Hetao Irrigation District. In the mid-1940s, the expansion of the original eight main canals was further extended to ten, and the Hetao Irrigation District System of today was largely formed.

先秦汉后北魏

阴山以南、内蒙古河套北部地区，曾经是两千多年前秦朝时期屯垦戍边、引水灌田的地区，史称"北假农区"。蒙恬大军将匈奴逐出河套地区后，曾迁徙了3万农户达10万人口到北假农区，设置云中和九原两郡，河套地区隶属九原郡，郡治设在九原城。

河套地区的西部开发始于西汉。《水经注》对河套西部有"枝渠东出"的明确记载，河水流经临戎县故城西口，在古黄河以南，今黄河以北。公元前127年（汉武帝元朔二年），设置朔方郡（现今磴口县），将九原郡改称五原郡，下治十六县，接着沿袭秦代做法，由中原先后三次移民140万人口在磴口县乌兰布和地区修建水利设施引黄河水进行垦殖，凿通河渠数十条，灌溉良田上万亩。尝到开渠垦荒甜头之后，西汉在与匈奴战争中，每取一地，设郡置县，移民屯垦，大兴水利，今天在乌兰布和沙漠之下，仍然可见当年渠道和田埂的遗迹。

北魏年间，河套灌区的灌溉设施被广泛应用。崛起于马背上的鲜卑族在此定居，发展农业，修建了以艾山渠为主的数条河渠，灌溉农田万顷。据《魏书卷二·帝纪第二》记载，公元394年（北魏登国九年），道武帝拓跋珪曾派遣东平公拓跋仪到五原屯田，史称"五原屯田"。公元395年，后燕慕容宝统兵8万，"造船收谷"，计划把北魏在五原大约3万余户屯田收获的百万斛粮食运走，道武帝亲自率军，打败燕军，夺回粮食。北魏的屯田制度实行计口授田，分给耕牛，鼓励垦种，所以五原地区的农业在北魏后期一直比较发达。

公元488年（北魏太和十二年），北魏孝文帝在北部沿边设置了包括沃野镇（今五原县北乌拉特前旗）在内的6个重镇，"各修水田，通渠灌溉"。公元494年，孝文帝迁都洛阳，北魏的游牧经济转为农耕经济。

河套地区征集的汉代陶鼎

河套地区征集的北魏时期青铜温酒器

乌兰布和沙漠

五原县隆兴湖

从隋唐到元明

河套地区征集的元代石夯

河套中部的开发最早始于唐代。当时河套属于关内道的丰州，是防御北方少数民族南下的战略要地。公元796年（唐德宗贞元十二年），丰州刺史李景略在今五原县乌拉特前旗境内组织开挖咸应渠和永清渠，疏浚了陵阳渠。

公元708年（唐中宗景龙二年），唐朝在黄河以北修筑中、东、西三处受降城，各相距400里左右，首尾相应，用以防御后突厥汗国的侵扰。其中，中受降城在五原，东受降城在榆林县东北，西受降城在丰州西北，被任命为丰州刺史的李景略还兼任御史大夫和天德军西受降城都防御使。边塞气候严寒，土地贫瘠，李景略与将士同甘共苦，兴修水利，灌溉农田数百顷，"岁收谷四十余万斛，边防永赖，士马饱腾"。

唐末之后，自五代、宋、辽、金、夏、元、明各朝，战乱不停，河套地区一直是少数民族游牧区，大规模农垦中断，水利设施基本荒废，灌区有名无实。明代后期，河套依然是蒙古族游牧地区。期间有长城以内的农民以春来秋返的流动方式，来往于河套，垦种土地，这些农民被称为"雁行人"，他们的耕种规模不大，与之配套水利灌溉工程的修缮也并未在历史上留下记载。

近代开发

根据1922年萨拉乌河文化遗址的考古，证明处于智人时代的"河套人"曾在黄河岸边制造石器，从事狩猎，食肉衣皮，创造了河套地区原始时代的物质文明。位于巴彦淖尔中部的河套平原腹地称为"临河"，临河作为人类农耕文明发祥地之一，明清之际就一直有"缠金地"的传说。1821年（清道光元年）商人甄玉和魏羊联合48家商号开挖了缠金渠，后更名为永济渠。1828年，清朝政府特下旨开放缠金地之后，商人包租垦荒变为合法，河套平原又相继开挖了八条干渠和众多小沟渠，自此河套地区引黄灌溉渠系统的骨架就基本形成。

1850年的黄河改道事件，又为河套自流灌溉提供了有利的自然条件。道光年间旱涝灾害频发，导致冀、晋、陕、甘、宁、绥地区贫民流离失所，到河套谋生者络绎不绝，为河套垦荒开渠提供了大量的廉价劳动力，这一中国近代史上著名的人口迁徙"走西口"，把河套中部水利推入了一个波澜壮阔的大时代。

从1821年开挖缠金渠，到1918年修整开挖新皂火渠，时代从清末进入民初，依靠民间力量开发大型灌区造就了河套的水利奇迹。

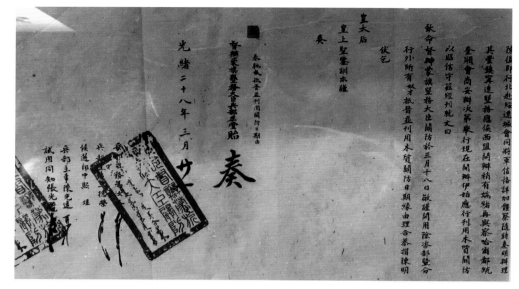

 清光绪二十八年有关河套屯垦的奏折

 卷埽棒模型

 河套地区征集的清代龙王庙石刻

四大股庙普济寺的壁画　　　　　　　　　　　黄河水利文化博物馆内王同春水利测量的塑像

治水先贤

从西汉司马迁《史记·河渠书》记述黄河瓠子堵口而发出的"水之为利害也"，到元代郭守敬主张修复疏通旧有渠道的"因旧谋新"，北魏修建引黄灌田艾山渠的刁

永济渠的前身是1821年48家商号联合开发的缠金渠

雍、唐代开挖咸应渠和永清渠的李景略、编撰出版《包西水利辑要》的清代三晋名士冯曦，以及民国时期冯玉祥、张振达、郭大义、王同春、甄玉、魏羊、杨满仓、杨米仓、傅作义、王文璟等一批各个时代的治水先贤，都为河套地区引黄古渠的开发和修建做出了润泽千年、彪炳史册的杰出贡献，前人治水的理念和业绩为后代称颂，百年长河，浇灌大地，造福世人，也谱写了"黄河百害，唯富一套"的塞上江南之传奇。

河套治水故事里最杰出的人物莫属被河套当地百姓称为"河神"的王同春。王同春一生勤奋过人，他终年奔驰于河套地区的田野，察地势、辨土壤，所遇无不精思以求其理，因此他对河套广大地区的地形、土壤、水文、地质等情况十分熟悉。王同春似乎专为开渠而生，他儿子王喆曾评价他父亲"生平无他好，唯嗜水利若命"。《绥远通志稿》称他"每遇疑难渠工，俯而察，仰而思，面壁终夜，临河痴立。及豁然有悟，往往登高狂呼，临河踊跃，以为生平第一快事"。

到1904年（清光绪三十年）之前，王同春共在河套地区自行开干渠5条，支渠270多条，可灌水田7000多顷、熟田27000余顷，其中5条干渠分别是刚济渠、丰济渠、灶河渠、沙河渠和义和渠（原名王同春渠）。之后又与他人合伙开凿了通济渠、长济渠和塔布渠3条干渠，这就是清末河套地区史称的"八大干渠"。

总干渠工程

　　1957年，河套灌区迎来了一次重大历史机遇，这一年国家按照一首制构想指定了一个史称"五七规划"的河套灌区发展规划。按照规划的构想，在河套地区黄河上游段建设一个拦河闸，只开一个引水口，修建一条引水总干渠，贯穿整个河套灌区，连接灌区内原有的各条引水干渠。在一首制引水的规划中，三盛公水利枢纽作为"拦河闸"的方案被中央政府批准。黄河是从磴口县进入河套地区，最终从乌拉特前旗流出巴彦淖尔，前后水位相差30多米，从三盛公枢纽引水，需要把水位提高，才能保证整个河套灌区灌溉面积成倍增长。

　　1958年11月15日，总干渠正式开挖，巴彦淖尔举全盟之力投入这场伟大的战役，开工当天，由23000人组成的第一批劳动大军到达黄河边。在1958年11月到1961年1月的主要施工期内，累计完成从渠首到四闸之间主体工程的土方量达1439.9万立方米。总干渠西起三盛公枢纽，东至包头市东郊，全长230千米，是贯穿河套平原引黄输水的大动脉。

⩘ 1958年开挖总干渠的施工现场
《 1959年总干渠三湖河段清淤施工现场
》 总干渠四分水枢纽附近的河渠

1961年三盛公水利枢纽工地

2019年三盛公水利枢纽进水闸

鸟瞰三盛公水利枢纽

三盛公水利枢纽工程

　　三盛公黄河水利枢纽工程坐落在巴彦淖尔市磴口县境内的总干渠的入口处，工程以灌溉为主，兼有工业供水、防洪、防凌、航运和公路运输等功能，包括一条长2.1千米的拦河大坝、三处进水闸和一个2000千瓦左右的水力发电站。工程务必保证河套灌区和伊克昭盟（今鄂尔多斯市）30万亩引黄灌区适时适量地自流引水灌溉，工程所包括的总干渠使得河套灌区灌溉面积由之前290万亩增加到770万亩，成为全世界最大的一首制自流引水灌区。

　　工程始建于1959年，并于1961年5月13日晚11时拦河大坝合拢成功。到1967年总干渠土方工程全部完工，实现了向三湖河通水，"五七规划"最终完成，从巴彦淖尔市南段磴口县、杭锦后旗、临河区、五原县和乌拉特前旗五个旗县地区，共建设有总干渠四个分水枢纽，年引入黄河水50亿立方米，实现了黄河水在河套地区的全覆盖和可调控。

总干渠第三分水枢纽

四大分水枢纽

总干渠第一分水枢纽（总干一闸）位于总干渠24千米处，由泄水闸、船闸、黄济闸、乌拉河、杨家河、清惠渠进水闸和南一支泵站水工建筑物组成。

总干渠第二分水枢纽（总干二闸）位于总干渠46千米处，由节制闸、泄水渠闸、永济渠闸、北边渠闸、南边渠闸以及闸上5.8千米处的黄济渠闸、合济渠闸、黄羊渠闸等建筑物组成。

总干渠第三分水枢纽（总干三闸）位于总干渠87千米处，由节制闸、泄水渠闸、丰济渠闸、复兴渠闸、南三分干渠闸等建筑物组成。

总干渠第四分水枢纽（总干四闸）位于总干渠128千米处，由节制闸、泄水渠闸、义和渠闸、通济渠闸、长塔渠闸、华惠渠闸等建筑物组成。

« 总干渠第一分水枢纽
» 总干渠第二分水枢纽纪念碑
» 总干渠第四分水枢纽

倒映蓝天白云的黄济桥

总排干沟工程

当总干渠工程完成后，灌溉面积增加，引水条件得到改善，但原有排盐荒地面积减少而导致耕地盐碱化程度加重。在如此严峻的考验面前，巴彦淖尔迎来开挖各级排水沟道、实现灌排配套的第二次大规模水利建设高潮。总排干沟的骨干工程始建于1965年在原乌加河故道上进行，1967年初步完成。1975年11月，以李贵同志为第一书记的中共巴彦淖尔盟委，再次带领15万干部群众，历时70天，对阴山脚下因淤堵而废弃的总排干沟进行了大规模的疏浚挖通的扩建工程。到1985年共有117条排水沟汇入总排干沟，建成交叉渡槽20座、桥44座和排水扬水站15座。1990年总排干沟扩建工程对下游四段进行裁弯取直，并改建了红圪卜扬水站。1996年，再次对总排干沟上游段进行疏通扩建，1997年7月完工。

总排干沟是河套灌区排水系统的主体工程，全长206千米，是将灌区排水、渠道退水、山洪泄水统统排入黄河的唯一通道。整个总排干沟工程由排干主干段、乌梁素海、出口退水渠三部分组成，总排干沟下属10条排干沟以及皂沙排干沟和义通排干沟，包括107条直口排沟、107座尾闸、22座渡槽、50座桥梁、3座沟道上扬水站、19座两侧排水站和8座提水站。

《 总排干沟天然河段
《 总排干沟红圪卜扬水站
《 红圪卜扬水站内安装的6台斜式轴流泵

43

注入乌梁素海

河套灌区总排干沟乌梁素海出口工程是在1985年8月4日完工的，这项工程位于巴彦淖尔市乌拉特前旗西山咀镇东部，北起乌梁素海南端的乌毛计，南至三湖河口汇入黄河，全长44.1千米。这项工程的竣工，标志着长期以来有灌无排的历史基本结束，对根治河套灌区土壤盐碱化将会产生深远的影响。自此以来，河套灌区的排水、渠系的退水以及狼山的洪水均可由总排干沟注入乌梁素海排水容泄区，再沿着出口退水渠汇入黄河。

乌梁素海水面293平方千米，最高控制水位1019.5米（黄海标高），最大平均水深1.8米，最大蓄水量5.5亿立方米。位于河套灌区总排干沟主干段的尾部与乌梁素海相连接处，有一处亚洲最大的斜式轴流泵站——红圪卜扬水站，这一扬水泵站是灌区排水的咽喉。河套灌区每年大约引黄河水50亿立方米，目前有5亿立方米的水通过乌梁素海退入黄河。

总干渠与总排干沟二总交叉渡槽

乌梁素海生态过渡带

出口退水渠

出口退水渠由乌梁素海南端乌毛计开始，穿过包银公路和包兰铁路，于三湖河干渠河口自动流入黄河，全长24.1千米，控制排水面积达到了1137.56万亩。

在乌毛计泄水闸下游12千米处退水渠上，还建有总排干沟上最后一座建筑物——挡黄闸。每当黄河水位高于总排干沟出口水位时，挡黄闸就会启动，阻止黄河水倒灌。2013年1月开工建设并于2014年7月完工的河套灌区总排干沟出口泵站也在同一位置，主要满足凌汛期黄河内蒙古段的防凌分洪需要及保障乌梁素海的安全，降低乌梁素海周边的地下水位，改善乌梁素海水质，确保灌溉农业的发展。

≫ 挡黄闸出口泵站
≪ 总排干沟出口挡黄闸
≫ 乌毛计泄水闸

≫ 总干渠节水改造工程施工
的膜袋吹填法

≪ 总干渠渠道冲桩挂笆治理

≫ 渠道铺设混凝土板块衬砌

扩建、续建配套和节水改造

20世纪80年代，河套灌区引进世界银行贷款6600万美元，同时多方筹借资金共投资8.25亿元人民币，完成了总排干沟扩建、总干渠"两条线"以及东西"两大片"8个排域共315万亩的农田配套工程，改造了红圪卜排水一站，新建红圪卜排水二站，与黄河三盛公水利枢纽共同构成灌排配套的灌排骨干工程体系基本形成。

河套灌区续建配套和节水改造工程，到2018年完成骨干工程35%，改善灌溉面积860万亩。从20世纪60年代灌区开始逐步改造堤防工程，到80年代基本形成了完整的黄河堤防体系，之后黄河堤防工程一直在升级改造，到2012年全面完成并达到二级堤防标准，从根本上改变了黄河巴彦淖尔段防洪工程面貌和防御能力。2017年完成了总排干沟出口段整治及出口2号泵站建设工程。

八百里河套，在过去四十年改革开放岁月里，风雨数十载，脱胎换骨，发生了翻天覆地的变化，古渠今生再度见证历史奇迹。

总干渠节水改造工程的施工现场

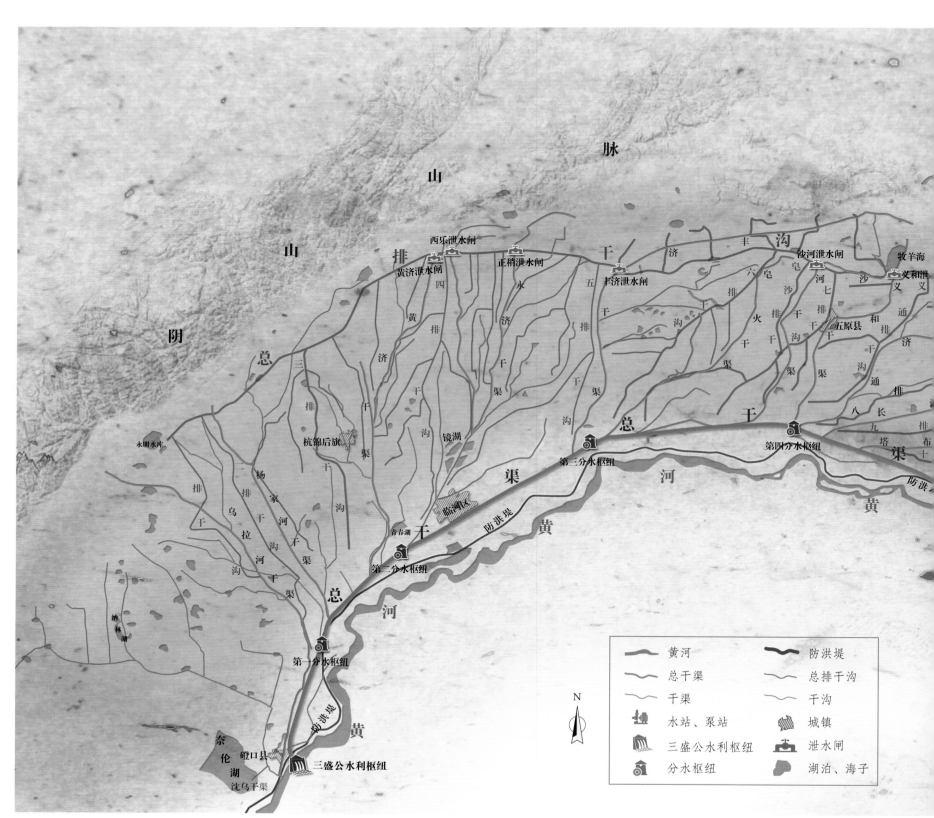

渠系图

从清代和当代两张渠系图可以看出，河套灌区在过去两百年来的演变。

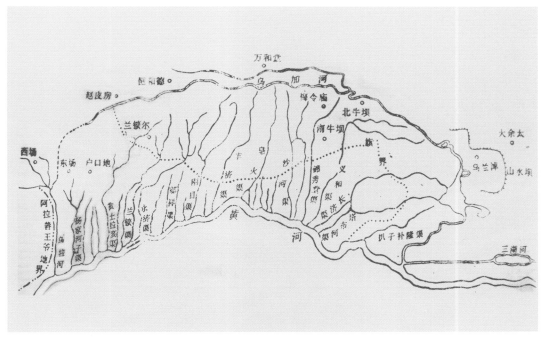

⊗ 清代五原河套渠系图

《 总干渠和总排干沟渠系图

沈乌干渠第一分干渠

時空畫卷
A HANDSCROLL SPANNING TIME AND SPACE

东西方向五百里长的平原静卧在阴山左右拱臂之间，黄河母亲从遥远的青藏高原抛下一个巨大的绳套，将这一块大地赐予她的河套儿女。

从清朝道光年间大规模的开发算起，河套灌区在历史上先后形成八大干渠、十大干渠以及如今的十三大干渠。1908年之前完成的清末八大干渠有：永济（缠金）渠、刚济（刚目）渠、丰济（中和）渠、沙河（永和）渠、义和（王同春）渠、通济（短辫子河）渠、长济（长胜）渠和塔布渠。民国初期的河渠合并和继续开挖，八大干渠演变成十大干渠：塔布（塔布河）渠、长济（长胜）渠、通济（老郭子）渠、义和（王同春）渠、复兴（沙河）渠、丰济（中和）渠、永济渠、黄济渠、杨家河渠和乌拉河渠。1949年以后，十大干渠调整为十三大干渠：沈乌干渠、乌拉河干渠、杨家河干渠、黄济干渠、永济干渠、丰济干渠、皂火干渠、沙河干渠、义和干渠、通济干渠、长济干渠、塔布干渠和三湖河干渠。

打开河套平原长卷，但见河渠纵横，阡陌交错，密如织网，亚洲最大的一首制自流引水灌区就展现在长卷之上。一南一北两条河流从磴口县渡口处分岔，由西向东，弯弯曲曲，汇集于三湖河而最终奔离巴彦淖尔。这南北二河，一（总干）渠一（总干）沟，总干渠引入黄河水灌溉农田，总排干沟带走表层多余水分以降低土壤盐分，平行同向，协同运行，滋养大地万物，在北纬40度这一片干旱、苦寒的大地上，赋予了800里河套1000万亩的土地生命。由此。塞北之地的"河套灌区"，与江南鱼米之乡的"淠史杭灌区"和四川天府之国的"都江堰灌区"，并列为中国三大灌区。

The 500-miles-long plain peacefully lies east to west between the left and right arching arms of the Yin Mountain. The Yellow River Mother threw a huge rope from the distant Qinghai-Tibet Plateau and granted the land within the noose to her children in Hetao.

Since the large-scale development during Daoguang of the Qing Dynasty, there have been historically eight, ten, and then thirteen main canals formed in the Hetao Irrigation District in time order. The eight main canals completed in the late Qing Dynasty before 1908 were: Yongji (Changjin) Canal, Gangji (Gangmu) Canal, Fengji (Zhonghe) Canal, Shahe (Yonghe) Canal, Yihe (Wang Tongchun) Canal, Tongji (Short braided river) Canal, Changji (Changsheng) Canal and Tabu Canal. During the canal merging and extending in the early period of the Republic of China, the eight canals evolved into ten: Tabu (Tab River), Changji (Changsheng), Tongji (Lao Guozi), Yihe (Wang Tongchun), Fuxing (Shahe), Fengji (Zhonghe), Yongji, Huangji, Yangjiahe and Wula Canals. After 1949, the ten main canals were further reorganized into thirteen: Shenwu, Wula River, Yangjia River, Huangji, Yongji, Fengji, Zaohuo, Shahe, Yihe, Tongji, Changji, Tabu, and Sanhu River Main Canals.

Unrolling the long scroll of the Hetao Plain, the rivers and canals are seen interwoven, paths in fields criss-crossing, like a dense web, and Asia's largest single source self-driving irrigation system is drawn on it. The two rivers in south and north respectively, diverge at the ferry in Dengkou County, wind from west to east, converge at Sanhu River and finally flow away from Bayannaoer. One of the two rivers is the main canal and the other main drainage. The main canal introduces the Yellow River water to irrigate the farmland, while the main drainage ditch takes away the excess water from the surface to reduce soil salinity. They run in parallel and same direction, coordinate with each other and nourish the land and everything. In the arid, bitter cold land of 40 degrees north latitude, the irrigation district makes the lives in the 800 miles Hetao and 10 million acres land thriving. Thus, the "Hetao Irrigation District" in the northern frontier, together with the "Pi-Shi-Hang Irrigation District" in Jiangnan ("the Home of Fishing and Cultivation") and the "Dujiangyan Irrigation District" in Sichuan ("the Land of Abundance") are listed as the three largest irrigation districts in China.

沈乌干渠第一分干渠

沈乌干渠

　　沈乌干渠原名沈家河子渠，开挖于公元1763年（清乾隆二十八年），渠口原在黄河左岸二十里柳子小套河处开口。1961年三盛公水利枢纽工程建成，改由沈乌分水闸引水，命名沈家河分干渠。1967年改名东风分干渠，合称沈乌灌域。

　　沈乌灌域地处乌兰布和沙漠地区东缘，汉代属于黄河以西地区，公元前127年（汉武帝元朔二年），卫青率兵出击匈奴，收复"河南地"，建立朔方郡和五原郡，朔方郡下设10个县，其中3个县地属沈乌灌域。

　　2014年实施的盟市间黄河干流水权转让试点工程——沈乌灌域一期工程于2018年完工。现干渠长46.2千米，引水流量37立方米/秒，灌溉面积87.17万亩。

≫ 三盛公农业用水区字碑
≫ 沈乌干渠渠首建筑物

乌拉河干渠

乌拉河原为黄河故道的一段遗迹，蒙古语称为"乌兰沟"。清乾隆年间，黄河改道，南河由支流逐渐变成为黄河主流，北河由主流变成支流而成为上游段的乌拉河和下游段的乌加河。北河及其各支流渐至淤塞，其沿岸之田多成肥田沃壤，利于农耕。清朝初期，康熙皇帝曾经颁布诏书，划定蒙界，规定汉人不得进入蒙族所属的河套地区进行耕种，但这一规定到1821年（清道光元年）被打破。相传山西平鲁人杨凤珠，借口阿拉善公主"治公主菜园地"，利用天然水利条件筑坝引水。

1943年（民国三十二年），乌拉河渠口在杨家河引水渠上合并，同时支渠挖宽，解决了退水问题，乌拉河下游段水灾状况得到根本改善，渠系也逐步完善，被列入十大干渠之一。到1949年，乌拉河渠共有支渠260条、支子渠125条。

现干渠长53.35千米，引水流量23立方米/秒，灌溉面积30.5万亩。

乌拉河干渠穿越包兰铁路

鸟瞰乌拉河干渠

横跨乌拉河的铁路桥

55

杨家河渠进水闸

冬天的杨家河渠

杨家河干渠

　　杨家河渠开挖于公元1917年（民国六年），由地商杨满仓、杨米仓兄弟出资邀请王同春勘定渠线，杨满仓之子杨茂林主持施工，从黄河上开凿新口引水，充分利用原乌拉河天然旧河道。经过10年扩展，到1927年，干渠长达140里，渠宽9丈、深1丈，支渠达67条，总长520里，杨家河完成后在河套西部形成杨家河灌域。到1931年（民国二十年），灌溉面积1800顷。1939年（民国二十八年），绥远省政府废除杨家河私有制改为公有制。1931年（民国二十年），绥远省政府将杨家河灌域更名为"米仓县"。

　　1959年总干渠开挖，1963年杨家河干渠从总干渠第一分水闸引水。

　　现干渠长58千米，引水流量48立方米/秒，灌溉面积69.15万亩。

杨家河解放闸灌域

黄济干渠

黄济渠原名黄土拉亥河。相传1873年（清同治十二年），由陕西府谷商人杨廷栋与黄土拉亥河上游杭锦旗领主商榷疏浚的引黄渠道，同时开挖两条退水渠入乌加河，1928年（民国十七年）对渠道进行大规模整修，据1931年（民国二十年）出版的《临河县志》所记载"干渠长147里，均宽6丈、口深6尺，稍深5尺，共有支渠95条"。当时黄土拉亥河两岸"村落云集，支渠纵横，为河套各渠之典范"。1942年（民国三十一年），将渠口暂接到杨家河上，实行多口引水，黄土拉亥河也更名为黄济渠。黄济渠的一些较大支渠大发公、蛮会、园子渠等直到今天仍然在使用。

现干渠长75.3千米，引水流量58立方米/秒，灌溉面积7495万亩。

》 黄济渠
⌄ 黄济渠渠首

永济渠鸟瞰

永济渠渠首

永济干渠

　　永济渠开挖于1821年至1830年（清道光年间），原名缠金渠。1821年商人甄玉和魏羊获准在临河境内开渠垦地，渠口就在黄河东岸向东转弯处。1828年，清朝政府下特旨开放，甄魏二人联合48家商号整修缠金渠。1904年（清光绪三十年），缠金渠被朝廷收归官办，政府邀请王同春修整该渠，王修整该渠，将引水口上移，从黄河重开新口，渠道拓宽挖深，下接乌加河，渠成后改名"永济渠"。永济渠下设

乐字渠（西乐渠）、兰字渠（永兰渠）、永字渠（西渠）、远字渠（中支渠）、流字渠（旧东渠）和长字渠（新东渠）等6大支渠，至今仍在使用，是河套灌区的最大干渠。

　　1961年，永济渠改由总干渠第二分水枢纽引水，先后建成永济渠第一、二、三分水闸。

　　现干渠长40.4千米，引水流量93立方米/秒，灌溉面积128.78万亩。

丰济干渠

丰济渠原名中和渠。渠道由王同春于1892年（清光绪十八年）筹集资金开挖而成，渠长25千米。1897年（清光绪二十三年）向北开挖了退水渠入乌加河。1908年（清光绪末年）中和渠被收归官有，后开挖支渠，长16千米，兼作灌溉和退水之用，中和渠改名为丰济渠。1934年（民国二十三年），为了控制洪水入渠，在渠口建造了草闸，当时丰济渠全长96里，宽5丈，深6尺，共有支渠53条。

1940年（民国二十九年）3月20日黄河河套解冻后，中国第8战区部队在副司令长官兼第35军军长傅作义指挥下，在五原地区对日伪军发动了一场进攻性战役，经过三昼夜战斗，收复失地，史称"五原战役"。丰济渠在这场战役中成为中国军队的天然防线。

现干渠长98.65千米，引水流量45立方米/秒，灌溉面积79.31万亩。

丰济干渠渠首附近的向日葵花田

丰济渠干渠

丰济渠渠首

皂火渠出水口

》 皂火渠进水闸
∨ 渠边的树林

皂火干渠

　　皂火渠原名灶火渠，分旧皂火渠和新皂火渠。旧皂火渠于1703年（清康熙四十二年）利用黄河天然弯曲支流，稍加人工整修形成渠道，1851年（清咸丰元年）由地商集资开挖而成。1918年（民国七年），王同春、樊三喜等人集资，利用低洼天生壕开挖整修了新皂火渠。1943年（民国三十二年）新皂火渠接入复兴渠，由二闸和二三闸之间引水。

　　1956年秋至1957年春，因兴建包兰铁路将原复兴渠改线北移，原新旧皂火两渠引水口废弃，新旧皂火渠合口引水，引水渠道14.77千米。1966年在塔尔湖境内接挖新皂火渠，长达68.98千米。

　　现干渠长52千米，引水流量25立方米/秒，灌溉面积37.36万亩。

☽ 复兴渠渠首
☽ 沙河渠分水闸

跨越沙河干渠的复兴渠桥

沙河干渠

  渠道由王同春于1891年（清光绪十七年）开挖，在五原县西南河北岸惠德成开口，经十大股而流入哈拉格尔河。渠道经历前后五次开挖，历时六年完成干渠骨干工程。1901年（清光绪二十七年）又开挖支渠10条，修闸坝3道，修桥梁多处。所挖渠道因在义和渠之后，故原名永和渠，也叫王同春渠。1905年（清光绪三十一年）永和渠收归官有，后因渠口布满沙丘，改名沙河渠。

  1939年日军对五原的侵犯以及1940年的"五原战役"，使得沙河渠遭到严重破坏甚至于达到淤废程度，当时傅作义

将军沿河考察后决定重修沙河渠。1943年春夏，傅作义派军工万余人，经过五十多天施工，完成了130多万立方米土方的干渠开挖，更名沙河渠为复兴渠。

  1956年包兰铁路开工，复兴渠全面改造，铁路南段与三闸退水渠联接改名义长渠，铁路北段15千米改接丰济渠开口引水，在毛家桥附近建皂火、沙河分水闸。毛家桥分水闸以上叫复兴渠，以下统一改名沙河渠。

  现干渠长79.6千米，引水流量20立方米/秒，灌溉面积38.65万亩。

义和干渠

义和渠由王同春自己出资，于1881年（清光绪七年）动工开挖，渠名取王同春渠。渠道初步挖成之后，改名为义和渠。后历时十年之久，挖通至乌加河，干渠全长57.5千米。1904年（清光绪三十年）渠道收归官有，加以整修。1929年渠道改为官督民修。1932年裁弯取直11处。1934年加修渠道和乌加河南堤。据1939年统计，支渠道达100多条，灌溉面积2800顷。1967年义和渠改由新建成的总干渠第四分水渠取水。

现干渠长81.0千米，引水流量26立方米/秒，灌溉面积53.76万亩。

鸟瞰义和渠

义和渠和金川大道交错

蓝天下的义和渠桥首

⊼ 鸟瞰通济渠
⟫ 通济渠进水闸
⟪ 通济渠两岸

通济干渠

通济渠原名短辫子渠，于1866年（清同治五年）由万德源商号掌柜张振达将五原县东部天然河流短辫子壕修整而成，但因技术问题三年后淤废。1874年（清同治十三年）王同春联合万泰公、史老虎和郭大义组成四大股，重新开挖短辫子渠，后改名为老郭子渠。据王同春当时估算"渠底宽4丈3尺，口宽4丈8尺，深6尺，一昼夜行水120里，每日可灌田40顷"。1894年（清光绪二十年），郭敏修子继父业，将

老郭子渠向北接挖，长22.5千米，历时12年疏通，为北梢。到1897年（清光绪二十三年）又接着挖干渠入长济渠，历时5年完工，长20千米，为南梢。1904年（清光绪三十年）老郭子渠被收归官有。1915年（民国四年），老郭子渠改名通济渠。

现干渠长67.8千米，引水流量37.4立方米/秒，灌溉面积50万亩。

长济干渠

　　长济渠原名长胜渠，于1872年（清同治十一年）由地商侯双珠与郑和等人共同开挖，历时7年完工，渠长25千米。侯双珠病故后由侄子侯应魁继续向东挖，历时8年，加长了16千米。但长胜渠渲泄不畅，侯应魁便请王同春接挖14千米，入乌梁素海。1903年（清光绪二十九年）渠口淤积，长胜渠停止用于灌溉。1906年（清光绪三十二年）长胜渠收归官有，重新挖渠口，计长15.5千米，水流较畅，长胜渠改名为长济渠。1928年（民国十七年）将全渠大加洗挖，口宽平均4丈余，梢宽3丈多，上游水深5尺以上，水量大增，全渠长达55千米。到1934年（民国二十三年）共有支渠181条，全长540里。

　　1949年之后总干渠开挖，长济渠由总干渠第四分水枢纽开口的长塔渠分水闸引水。

　　现干渠长53.5千米，引水流量24立方米/秒，灌溉面积38.94万亩。

》 长塔渠分水闸

☑ 总干渠第四分水枢纽进水渠

塔布渠进水闸（右）

塔布干渠

　　塔布渠又名塔布河。1850年（清道光三十年），河套东部黄河北岸决口，自西斜向东南冲出一道水沟。1861年（清咸丰十一年），水沟洪水漫溢，涌流而下，汇集到下游洼地，与当时尚未断流的北河串联起来形成一条新河流，人称塔布河。1863年（清同治二年），有侯、田两姓在塔布河中游挖渠，引水灌溉。但因河套中西部已经开挖了几条大干渠，黄河水势减弱，塔布河水量减少发生淤澄现象。到1875年的清同治末年，塔布河上游段基本淤废。不久后的清光绪初年，由地商樊三喜、夏明堂、成顺长、高和娃和蒙古人吉尔吉庆组成五大股，合作开挖塔布河。由王同春帮助，另挖

塔布干渠（左四）

新口，从长济渠口东2千米黄河上直接引水，下接塔布河旧道，并向东南开挖长15千米的退水渠入乌梁素海，到1881年（清光绪七年）基本完成。1903年（清光绪二十九年），塔布渠淤积不堪，又修挖退水渠入乌梁素海，长15千米，使得干渠输水情况稍有好转。到1905年（清光绪三十一年），渠道收归官有，重新整修，洗挖渠口，劈宽挖深干渠，裁弯取直，两年时间完成，灌溉面积

又恢复到千顷以上。

1949年之后总干渠开挖，塔布渠由总干渠第四分水闸开口的长塔渠分水闸引水。

现干渠长44.5千米，引水流量22立方米/秒，灌溉面积37.48万亩。

三湖河干渠

三湖河干渠原为一条天然河道，由黄河支出，东行115千米再度流入黄河。主支二流之间形成夹滩，面积7000多顷，土质肥沃，名为三湖湾。北魏期间，从河套到包头修建了不少渠道，《水经注》记载："河水又东迳固阳县故城南……河水灌其西南隅，又东南，技津注焉。水上承大河于临沃县，东流七十里，北灌田南北二十里，注于河。"这条岔流就是早期的三湖河，它被作为一条干渠来引水灌溉。

清末民初在三湖河下游重新开挖了西官渠、东大渠（称

垦务渠）、西大渠和公济渠4条支渠，全部接入三湖河干渠引水。"六四修正规划"利用原三湖河为输水干渠，公济渠为分干渠，废弃公益渠另开南分干渠。"七八规划"改造东大渠为三湖河输水干渠，左侧公济渠分段利用，取消右侧公益渠，改为南北走向，由干渠直接引水。总干渠通水后新建第四分水枢纽节制闸，即三湖河干渠进水闸。

现干渠长66.3千米，引水流量28立方米/秒，灌溉面积37.46万亩。

三湖河干渠

干渠边的百年沙枣老树
三湖河干渠渠道

盛产于河套的特色番茄

天赋河套

A NATURE BLESSED HETAO

　　河套灌区所处的巴彦淖尔地处北纬40度，光照时间充裕，昼夜温差较大，黄河在此既形成了冲击平原，又源源不断地补充水源，千百年来，得天独厚，成为一块资源丰富的农作物种植黄金带。古老的灌区对本地区农业发展功不可没，它滋润万亩，造福一方。不朽的世界遗产化荒漠为良田，为河套平原带来一年又一年的麦熟果香。

　　如此优越的自然条件使得巴彦淖尔具有发展绿色有机高端农牧业、打造河套农产品的优势。2018年9月7日，巴彦淖尔市委及市政府在北京发布了巴彦淖尔农产品区域公用品牌"天赋河套"，首批获得品牌授权的6家企业共10款产品在发布会上正式亮相。

　　"天赋河套"是巴彦淖尔市深入贯彻党的十九大提出的实施"乡村振兴"战略，把"构建现代农业产业体系、生产体系、经营体系"作为乡村振兴的主要措施之一的结果。巴彦淖尔市结合地区实际，坚持"生态优先、绿色发展"为导向，提出全力建设河套全域绿色有机高端农畜产品生产加工输出基地的发展目标，以打造农产品区域公用品牌为总抓手，以提升农畜产品原产地的知名度、美誉度和市场忠实度为途径和目标，助推本地名优特农畜产品走向高端、走向品牌，走向全国、走向世界，努力探索出一条具有巴彦淖尔特色的农业品牌之路。

　　作为国家重要的商品粮油生产基地，巴彦淖尔获得了以河套小麦为代表的中国"地理标志农产品"认证达17个，产品涉及畜牧、粮食、瓜果、蔬菜、药材、酿造等各大类别。到目前为止，"天赋河套"授权12家企业共53款产品使用。

　　天下黄河，唯富一套；天赋河套，世界共享。

Bayannur, where the Hetao Irrigation District is located, sits in 40 degrees north latitude with abundant daylight time and large temperature difference between day and night. Here, the Yellow River has not only formed an alluvial plain, but also continuously replenished the water source. For thousands of years, it has been uniquely endowed with a natural golden belt for crops planting. The ancient irrigation district has played an important role in the development of agriculture in this region, moistening million mu and benefiting one side. The immortal world heritage desertification is a good field, bringing year after year's ripe wheat and fruit fragrance to Hetao Plain.

Such superior natural conditions let Bayannur hold big advantages of developing high-end organic agriculture and husbandry products. On September 7 2018, the Bayannur Municipal Party Committee and Municipal Government launched the Bayannur public agricultural product brand "Tian Fu Hetao" (Nature Blessed Hetao) to the global market in Beijing. A total of 10 products from the first 6 companies authorized to use the brand were officially launched in the event.

"Tian Fu Hetao" is the result of Bayannur's in-depth implementation of the "rural revitalization" strategy established by the 19th National Congress of the Communist Party of China, and "building a modern agriculture, production, and management system" as one of the main measures for rural revitalization. Based on the actual conditions in the region, Bayannur adheres to the "ecological priority and green development" as the guide, and put forward the development goal of fully building the Hetao-wide green organic high-end agricultural and livestock production and processing base, with the aiming of creating a regional public brand of agricultural products, promoting the popularity and reputation of the origin of the agricultural and livestock products, and market loyalty to it as the approach and goal, in order to help local famous and special agricultural and livestock products to go high-end and branding, to national market, and to the world stage, and strive to find out a 'Bayannaoer-characteristic' way of agricultural branding.

As an important cereals and oils commodity production base in the country, Bayannur has obtained 17 "Geographical Labeled Agricultural Products" certifications represented by Hetao Wheat in China. The products cover various major categories such as livestock, cereals, fruits, vegetables, medicinal materials, brewage. So far, "Tian Fu Hetao" has authorized 12 companies and a total of 53 products to use the brand.

The Yellow River only enriched Hetao in the past, but now the nature blessed Hetao benefits the whole world.

小麦和向日葵

作为世界灌溉工程遗产之一,河套灌区打造出了具有"天赋河套"水文化特色的靓丽名片,并将资源价值和品牌影响力转化为推动区域经济发展的生产力。也正是在这些熠熠生辉的古老水利灌溉工程的巨大作用下,才使得生长于巴彦淖尔这片沃土天赐、地形天生、灌溉天然、滋味天成的农作物,拥有着无比的自然资源独特性和优越性。历数众多国家"地理标志认证"的农产品,值得一提的当属特色粮食作物"全能冠军"河套小麦,以及经济作物"油料之王"河套向日葵。

河套灌区是世界三大优质小麦的主产区,有着全球硬质玻璃体红皮小麦的黄金种植带。这种小麦无论是蛋白质和面筋的含量,还是粉质的稳定时间、拉伸阻力等都是其他小麦所望尘莫及的。据称1公斤的河套雪花粉可以拉出200万根细滑如丝的拉面,累计长度相当于山海关到嘉峪关的距离。

走进巴彦淖尔,随处可以见到"向日葵海",因为这里是首批河套向日葵的中国特色农产品优势区,拥有400万亩的种植面积,占据全国四分之一的产量。河套向日葵以籽粒饱满、色泽光亮、自然清香、大小均匀著称,全国向日葵炒货高端产品原料60%以上来自巴彦淖尔,出口的葵花籽远销欧美等40多个国家和地区。

2018年首批授权使用"天赋河套"品牌产品中,就有以河套小麦和向日葵为原料的兆丰有机雪花粉、恒丰雪花粉、三胖蛋瓜子等。

⚠ 机械化收割中的麦田
⚠ 一望无际的向日葵花海

河套地区放养的二狼山白山羊

羊肉和原奶

　　如果说山水林田湖草沙构成了河套地区有机的生命共同体，那么分布于其间的草场和有机牧场则成为牛羊生长的纯净乐园。从巴彦淖尔的"天赋河套"，鲜美的牛羊肉和有机原奶被源源不断地输送到了全国各地。

　　作为中国地级市中唯一能够四季均衡出栏的肉羊养殖加工基地，巴彦淖尔年均羊肉产量近20万吨。其中河套巴美肉羊成为获国家"地理标志认证"的产品，年规模化养殖存栏量达3.5万只。

　　原奶也是巴彦淖尔的特色产品，年奶牛存栏16万头左右，可年产原奶50余万吨，其中有机原奶产量达到30万吨，是目前全球最大的有机原奶生产基地。引进有包括蒙牛、伊利、圣牧高科等大批国内知名企业。

　　作为全国三大羊绒流通集散地之一，本地还拥有珍稀畜种二狼山白山羊，所产山羊绒被誉为"钻石纤维"。

青红椒丰收

瓜果和蔬菜

磴口华莱士

　　地处中国第三阳光带，巴彦淖尔拥有充足的光热资源，再加上肥沃的土壤和丰沛的黄河水滋养，使得各类瓜果糖分含量高，可溶性固形物积累多，蔬菜的病虫害发生少，是内蒙古草原上的"菜篮子"、黄河边上的"农艺园"。绿色生态、纯净无污染的八百里河套平原每年仅瓜类种植面积就有30万亩，产量达65万吨。

　　比较有特色的有既可当蔬菜，又可当水果的河套番茄；有全国种植面积最大的青红椒；有被誉为"天下第一瓜"的磴口华莱士；有被冠以"中国丑梨"美誉的河套苹果梨。还有五原所产的黄柿子、晏安和桥灯笼红香瓜、黑柳子白脆梨，都是获得中国同品类中唯一国家"地理标志认证"的产品。河套蜜瓜、三道桥西瓜也是闻名遐迩，距今已有100多年种植历史。

药材和酿造

每到夏秋时节，巴彦淖尔便犹如一幅色彩斑斓的重彩油画。河套枸杞，就是那画中点睛的一抹红。在巴彦淖尔的中药材优质资源中，河套枸杞是其中的代表。

黄河的滋养、充足的日光照耀、纯净的空气，造就了河套枸杞极好的品质。尤以前旗先锋、杭锦后旗沙海、五原县美林的种植面积为大，面积约10万亩，年产干果2500万公斤左右。已形成"先锋枸杞""明安黄芪"等地域品牌。

依托河套地区盛产的优质玉米、高粱、小麦、豌豆、大麦、葡萄、啤酒花和苁蓉等优质原料，巴彦淖尔的酿造产业得到了快速的发展，产品涵盖白酒、啤酒、葡萄酒、保健酒、酱油和醋等多品种，畅销全国各地。同时，河套地区还是知名的美酒产区，其中代表企业主要有河套酒业、佘太益生园酒业等。

附录 APPENDIX

总干渠第三分水枢纽节制闸

■ 附录一 申遗大事记

2019年9月4日，对于河套灌区和巴彦淖尔市来说是一个永载史册的日子。

远在印度尼西亚巴厘岛，正在召开的国际灌溉排水委员会（ICID）第70届执行理事会上，中国"河套灌区"被列入国际灌排委员会第6批世界灌溉工程遗产名录。这标志着巴彦淖尔市历史上有了第一个世界遗产，传颂千年的农耕文明与游牧文明交替发展的河套灌区从此走向世界。

河套灌区的申遗终于取得圆满成功，这前前后后历经一年零六个月的时间。

锲而不舍

- **2018年1月24日至25日**

河套灌溉总局召开专题会议，落实市委常志刚书记、张晓兵市长提出关于河套灌区申报世界灌溉工程遗产的意见。

第二天，总局原党委书记张三红同志把长期从事灌排管理与水量调度工作的苏晓飞副处长叫到办公室说："晓飞，你把申遗的工作负责起来。申遗工作我们谁也不熟悉，你从事灌排管理工作多年，与国内各大灌区都熟悉，向他们取取经，了解一下申遗成功的经验。这样吧，你来负责申遗的具体业务工作，郭瑛同志是你的分管领导，申遗工作也由他一起分管，你有什么困难和要求就找郭局长"。至此开启了河套灌区的申遗之路。

- **2018年1月26日至27日**

26日赴自治区水利厅向国家灌溉排水委员会上报《内蒙古自治区水利厅关于内蒙古河套灌区申报世界灌溉工程遗产的请示》。27日国家灌排委受理并同意河套灌区列入2018年候选名单，批准参加2月5日组织召开的遴选初评会议。

从左至右：劳瑞·托尔夫森、布莱尔· 沃林、阿什旺·潘迪亚、郭瑛、周玉林、菲利克斯·瑞因德斯、王瑞、苏晓飞、丁昆仑

河套灌区遗产证书

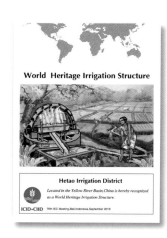

河套灌区遗产牌匾

● 2018年2月1日至2日

1日下午总局召开专题会议，审查通过了申遗汇报材料定稿。2日凌晨5时完成PPT制作。

● 2018年2月3日至5日

郭瑛、苏晓飞和关丽罡组成申遗团队，赴北京参加2月5日举行的2018年中国国家灌溉排水委员会组织的世界灌溉工程遗产候选工程初评会议。按照国际灌排委规定，一个国家一年最多可报4个遗产工程，参加本年竞选的中国水利工程有6家，最终"河套灌区"的第一次申报因排名第五而落选。但申遗团队毫不气馁、锲而不舍，立刻开展深入调研工作，为来年的第二次申报做前期准备工作。申遗团队先后赴申遗成功的宁夏、灵渠调研学习，重新梳理遗产构成相关资料，同时赴中国水利水电科学研究院、黄河博物馆、内蒙古自治区档案馆、内蒙古博物院、内蒙古河套文化博物院、巴彦淖尔史志办、巴彦淖尔档案馆、黄河水利文化博物馆等，取得大量的基础资料。

全力以赴

● 2018年7月中旬

国际灌排委员会副主席、中国灌排委员会常务副秘书长丁昆仑，办公室主任高黎辉一行对河套灌区进行为期4天的实地考察调研，政府副市长郭占江等市领导陪同考察。双方对河套灌区申遗的可行性进行了认真细致的分析探讨，建议河套灌区申遗要立意高远，凸显河套文化在中华文明大团结中的历史地位。指出申报世界灌溉工程遗产工作的难点在于古代水利工程依据历史记载尽可能地寻找恢复上和在文物文献资料的收集整理上。

● 2018年8月下旬

内蒙古河套灌区管理总局新一届领导班子调整，郭瑛和苏晓飞就河套灌区申遗工作给郭玉根书记和李根东局长进行了专题汇报。郭玉根书记表示全力支持，努力做成功。随后开始了新一轮的细化资料查询梳理工作。

● 2018年12月26日

系统申遗报告完成，河套灌区申报世界灌溉工程遗产项目被列入2019年巴彦淖尔市政府工作报告。

● 2019年2月28日

河套灌区以第一名的专家评审成绩通过了中国国家灌排委员会组织的2019年度世界灌溉工程遗产遴选初评，被列入2019年的世界灌溉工程遗产预申报名单。

● 2019年3月3日

巴彦淖尔市人民政府成立申遗领导小组和申遗办公室，副市长郭占江任组长，郭玉根、李根东等有关领导任副组长，郭瑛任申遗办主任，苏晓飞任副主任，关丽罡等有关同志为工作人员。申遗办公室配合国家灌排委制定了河套灌区申遗现场评估实施方案，编制了《内蒙古河套灌区申报世界灌溉工程遗产工作安排意见》上报市政府，郭占江、郭刚副市长就申遗工作做了重要批示。

● 2019年3月至6月

在国家灌排委的统筹安排下，丁昆仑秘书长、高黎辉主任先后带领国内国际专家对河套灌区进行6次考察。实地查看了黄河西河故道、北河故道、秦汉长城、鸡鹿塞、高阙塞、窳浑古城遗址、屠申泽遗迹、三盛公水利枢纽、总干渠一、二、三、四分水枢纽、总排干沟、红圪卜扬水站、乌毛计闸、入黄出口泵站、沈乌渠、乌拉河、杨家河、黄济渠、永济渠、丰济渠、沙河渠、皂火渠、义和渠、通济渠、长济渠、塔布渠、三湖河等水利工程，以及永济古渠口遗址、黄杨古渠口遗址、三湖河古渠道遗址等。

● 2019年6月11日至14日

高占义主席、谭徐明教授等8位专家来河套灌区进行为期4天的系统考察评估。经专家组一致认定：河套灌区的开发可追溯于公元前2世纪，经2000多年的不断发展，承载了区域农耕文明和游牧文明的融合变迁，对各时期的经济社会发展起到了推动作用，留下了丰厚的水利遗产，具有重要的历史地位。河套灌区是多沙河流上引水灌溉工程的典型，通过科学的渠系规划、独特的技术措施，以较少的工程设施、较低的运行成本，实现了灌溉、排水、水运等综合效益，其工程技术具有时代领先性。河套灌区已发展成为中国北方特大型灌区，在灌排结合、灌区管理、水资源开发利用方式、区域环境改善等方面对现代农田水利管理有借鉴价值。

● 2019年6月至9月

申遗组复原了秦汉、北魏、隋唐、清末、民国时期古灌区图，复原河套灌区古渠系图主图，在总干渠湿地公园复原了古代水利工程草闸、埽棒、桔槔大型景观模型，复原了四大股庙王同春议事场景壁画、复原四大股碑记古碑，设立遗产标志牌，制作申遗宣传牌，拍摄制作了《内蒙古河套灌区》视频专题片，与国家灌排委共同制作完成了《2019年世界灌溉工程遗产内蒙古河套灌区申报书》。编制了《内蒙古河套灌区申报世界灌溉工程遗产资料图文集》，国家灌排委专门制作了手机APP查询。

● 2019年6月30日

内蒙古河套灌区管理总局向国家灌排委提交了《2019年世界灌溉工程遗产内蒙古河套灌区申报书》《内蒙古河套灌区申报世界灌溉工程遗产专题片》《工程文物图片、影像支撑资料》等文件。

永载史册

● 2019年7月25日

内蒙古河套灌区申报世界灌溉工程遗产通过国际灌排委专家初评。

● 2019年7月29日

中国水科院组织的"关注世界灌溉工程遗产——服务现代灌区"论坛会议在北京召开，河套灌区作了申遗工作汇报。

● 2019年8月1日

国际灌排委主席菲利克斯·瑞因德斯、秘书长阿什旺·潘迪亚等16个国家的18名国际专家学者考察河套灌区。中国水科院李益农、吴文勇，国家灌排委丁昆仑、高黎辉，

国际灌排委员会荣誉主席巴特·舒尔茨等20位国际专家考察河套灌区，观看河套灌区申遗视频

内蒙古自治区政协副主席郑福田，巴彦淖尔市委书记常志刚，巴彦淖尔市政协主席周玉林，河灌总局党委书记郭玉根、局长李根东陪同考察。

● 2019年9月1日至7日

经过一个晚上的飞行，凌晨7时，河套灌区申遗代表团周玉林、郭瑛、王瑞和苏晓飞一行四人来到印度尼西亚巴厘岛，参加国际灌排委员会第70届国际执行理事会，申遗工作进入最后的冲刺阶段。

● 2019年9月4日

北京时间11时15分，伴随着全场的热烈掌声，河套灌区代表团第一个走上主席台从ICID主席菲利克斯·瑞因德斯手中接过了授予河套灌区的世界灌溉工程遗产证书和牌匾。

河套灌区申遗取得成功，这是巴彦淖尔人的骄傲、是内蒙古人的骄傲，更是中国水利人和中国人的骄傲，必将永载史册。对于河套水利人来讲，既是至高无上的荣誉，也是历史责任，更是新的起点。

作为中国著名的古老灌区之一，河套灌区是黄河多沙河流引水灌溉的典范。河套灌区地处农耕文化与游牧文化交错带，和长城共同见证了区域社会经济发展和黄河变迁的历史，同时也是内蒙古高原最重要的粮食产区和生态屏障，更是人类社会从游牧文明向农耕文明过渡转换的重要见证。

从左至右：刘志勇、郭玉根、梁凯河、闫鹏、冯巍、常志刚、杨志今、丁昆仑、周玉林、赵子斌

■ 附录二 历届遗产名录

2014年

2014年9月16日，在韩国光州（Gwangju，Republic of Korea）召开的国际灌溉排水委员会（ICID）第65届执行理事会上，第1批工程被列入世界灌溉工程遗产名录：

中国（China）

Dongfeng Weir（东风堰），始建于1662年

Mulanbei Water Conservancy Project（木兰陂），始建于1083年

Tongjiyan Irrigation Structure（通济堰），始建于505年

Ziquejie Terraces（紫鹊界梯田），大约10世纪形成规模

日本（Japan）

Fukarayousui Irrigation Canal，始建于1666年

Inaogawa Irrigation Canal，始建于1859年

Ogawazeki Irrigation Canal，始建于约17世纪

Sayamaike Reservoir，始建于616年前后

Schichikayousui Irrigation System，始建于1903年

Tachibaiyousui Irrigation Canal，始建于1823年

Tanzansosui Irrigation System，始建于1891年

Tsujunyousui Irrigation System，始建于1855年前后

Yamadazeki Barrage，始建于1790年

巴基斯坦（Pakistan）

Balloki Barrage，始建于1913年4月12日

斯里兰卡（Sri Lanka）

Abaya Wewa Reservoir，始建于公元前4世纪

Nachchaduwa Wewa Reservoir，始建于1906年

泰国（Thailand）

Sareadphong Dam，始建于1314年

2015年

2015年10月12日，在法国蒙彼利埃（Montpellier，France）召开的国际灌溉排水委员会（ICID）第66届执行理事会上，第2批工程被列入世界灌溉工程遗产名录：

中国（China）

Quebei Pond（芍陂），始建于公元前601至前593年之间

Tuoshan Weir（它山堰），始建于833年

Zhuji Shadoof（诸暨桔槔井灌系统），始建于12世纪，至17世纪已经形成规模

日本（Japan）

Uwae Irrigation Canal，始建于164年

Sodaiyousui Irrigation System，始建于1669年

Irukaike Reservoir，始建于1633年

Kumedaike Reservoir，始建于728年

Uchikawa Irrigation System，始建于1591年

Murayama Rokkamurasegi-segi Irrigation Canal，始建于约1000年前

Takinoyu-segi and Ohkawara-segi Irrigation System，始建于1785年和1792年

Jikkasegi Irrigation Canal，始建于1816年

Genbegawa Irrigation Canal，始建于16世纪

Minamiieki-kawaguchi-yusui Irrigation System，始建于1190年

Tokiwako Reservoir，始建于1698年

泰国（Thailand）

RangsitCanal & Chulalongkorn Regulator，始建于1896年

埃及（Egypt）

Aswan Dam，始建于1902年

Delta Barrages，始建于1861年

2016年

2016年11月8日，在泰国清迈（Chiang Mai, Thailand）召开的国际灌溉排水委员会（ICID）第67届执行理事会上，第3批工程被列入世界灌溉工程遗产名录：

中国（China）

Chatan Weir Irrigation System（槎滩陂），始建于937年

Lougang Irrigation and Drainage System of Taihu Lake Basin（太湖溇港），起源于公元前3世纪，唐宋时期（8世纪至11世纪）形成体系

Zhengguo Canal Irrigation System（郑国渠），始建于公元前246年

韩国（Republic of Korea）

Byeokgol-je，始建于330年

Chukmanje Dam，始建于1799年

日本（Japan）

Teruizeki Irrigation Canal，始建于1180年

Asakasosui Irrigation System，始建于1182年

Naganoseki Irrigation Canal，始建于1645年之前

Asuwagawa Irrigation Canal，始建于1710年

Meiji-yousui Irrigation Canal，始建于1880年

Kounomizo-Hyakutaroumizo Irrigation System，分别始建于1705年和1710年

Mannou-ike Reservoir，始建于701年

2017年

2017年10月11日，在墨西哥墨西哥城（Mexico City, Mexico）召开的国际灌溉排水委员会（ICID）第68届执行理事会上，第4批工程被列入世界灌溉工程遗产名录：

中国（China）

Ningxia Ancient Yellow River Irrigation System（宁夏引黄古灌区），始建于公元前2世纪

Hanzhong Ancient Weir Irrigation System(Shanheyan Weir, Wumenyan Weir and Yangtianyan Weir)（汉中三堰），始建于北宋初年

Huang Ju Irrigation System（黄鞠灌溉工程），始建于7世纪初

日本（Japan）

Doen Irrigation System，始建于1644年

Matsubara-Muro Irrigation System，始建于1567至1888年

Nasu Irrigation System，始建于1885年

Odai Irrigation Canal，始建于1710年

澳大利亚（Australia）

Bleasdale Vineyards Flood Gate，始建于1900年

Goulburn Weir，始建于1891年

韩国（Republic of Korea）

Dangjin Hapdeokje，始建于900至935年

Manseokgeo-Dam(Ilwang Reservoir)，始建于1795年

墨西哥（Mexico）

Chinampa，始建于3000年前

La Boquilla Dam，始建于1915年

俄罗斯（Russia）

Drainage System in Novgorod Region，始建于1854年

2018年

2018年8月13日，在加拿大萨斯卡通（Saskatoon, Canada）召开的国际灌溉排水委员会（ICID）第69届执行理事会上，第5批共14个工程被列入世界灌溉工程遗产名录：

中国（China）

Changqu (Bai Qi) Canal（长渠/白起渠），始建于279年

Dujiangyan Irrigation System（都江堰），始建于公元前256年

Jiangxiyan Irrigation System（姜席堰），始建于1330至1333年

Lingqu Canal（灵渠），始建于公元前214年

印度（India）

Large Tank (Pedda Cheru)，始建于1897年

Sadarmatt Anicut，始建于1891至1892年

意大利（India）

Aqua Augusta and Piscina Mirabilis，始建于公元前33至公元前12年

日本（Japan）

Kitadate Irrigation System，始建于1612年

Gorobe Irrigation System，始建于1631年

Tsukidome Irrigation System，始建于1705年

Shirakawa basin Irrigation system，始建于1606至1637年

斯里兰卡（Sri Lanka）

Elahera Anicut，始建于67至111年

KantaleWewa，始建于608至618年

SoraboraWewa，始建于公元前161至公元前137年

2019年

2019年9月4日，在印度尼西亚巴厘岛（Bali, Indonesia）召开的国际灌溉排水委员会（ICID）第70届执行理事会上，第6批共17个工程被列入世界灌溉工程遗产名录：

中国（China）

Hetao Irrigation District（河套灌区），始建于2世纪

Qianjinbei Irrigation System（千金陂），始建于868年

伊朗（Iran）

Abbas Abad Comlex，始建于伊斯兰教纪元1021年

Baladeh Qanat and Water System，始建于伊斯兰教纪元前

Kurit Dam，始建于800年前

Shushtar Historical Hydraulic System，始建于公元前500年

意大利（Italy）

Berra Irrigation Plant，始建于1921至1930年

Migliaro Water Diversion Gate，始建于1868年

Panperduto Dam，始建于1884年

日本（Japan）

Jukkoku-bori Irrigation System，始建于1669年

Kikuchi Irrigation System，始建于1615年

Kurayasu and Hyakken Rivers Irrigation and Drainage System，始建于1679年

Minuma-Dai Irrigation System始建于1728年

马来西亚（Malaysia）

Wan Mat Saman Canal，始建于1895年

斯里兰卡（Sri Lanka）

Minneriya Reservoir，始建于275至301年

美国（United States）

Alamo Irrigation System，始建于1900年

Theodore Roosevelt Dam，始建于1911年

■ 附录三 中国工程简介

自2014年至2019年，中国先后分6个批次共有19个工程被列入世界灌溉工程遗产名录。

1. 东风堰

东风堰位于四川省乐山市夹江县，工程建于清康熙元年（1662年），自夹江无坝引水灌溉夹江县7.47万亩农田，地区经济得以迅速发展，造福千载，泽及万世。从建成至今日的350余年中，东风堰虽历遭洪旱的侵袭，虽渠首引水口不断上移，但工程体系保持不变，不断地发挥着灌溉、排涝、城市防洪和城市环境用水等作用，具有较高的科学科技和历史文化价值。

2014年确认列入世界灌溉工程遗产名录。

2. 木兰陂

木兰陂位于福建省莆田市城厢区木兰溪下游感潮河段，距出海口26千米。木兰溪横贯莆田全境，独流入海，河道平均坡降1.50‰，干流全长105千米，流域面积1732平方千米，多年平均径流量为9.85亿立方米。莆田市多年平均降水量1470毫米左右，水资源总量37.15亿立方米。木兰陂建成于宋元丰六年（1083年），是中国现存最完整的古代灌溉工程之一，持续使用930余年，至今仍发挥着引水、蓄水、灌溉、防洪、挡潮等综合功能。

2014年确认列入世界灌溉工程遗产名录。

3. 通济堰

通济堰位于浙江省丽水市莲都区，始建于南朝梁天监四年（505年），最初为"木土砾坝"，南宋开禧元年（1205年）改建为砌石坝。通济堰灌溉工程遗产科学而完备的渠首布置和渠系规划，保障了灌区3万亩农田的用水，一个半世纪以来未对自然地理环境产生任何不良影响，代表了中国传统

有坝引水工程科技的较高水平。由于通济堰水利，使碧湖平原成为以山区丘陵地形为主的浙西南重要产粮区，在中国传统农业社会中具有重要影响，在区域发展史中具有里程碑意义。通济堰工程体系及其管理制度，是中国传统灌溉工程的典型代表和活化石，是水利工程可持续利用的经典范例。

2014年确认列入世界灌溉工程遗产名录。

4. 紫鹊界梯田

紫鹊界梯田位于中国湖南省娄底市新化县西部山区，地处长江二级支流资水流域，总面积6416公顷，共500余级，坡度在25~40之间，分布在海拔500~1200米的山麓间，以自流灌溉为主。紫鹊界梯田在宋代（10世纪）已有相当规模，全盛于明清（16世纪）。紫鹊界梯田是湘中多民族聚居区灌溉农业发展的里程碑。通过对高山土地的开发，解决了人口增长与粮食短缺的矛盾，开创了山区稻作农业的先例。紫鹊界先民因地制宜修建了坡地配水系统，漫山遍坡的梯田由无数灌溉水系网连接，每块梯田既是一个小蓄水池，也是一个保土床，确保了水稻丰产，防治了水土流失，是我国古代多民族劳动人民共同创造的完善的灌溉工程、水土保持工程典范。

2014年确认列入世界灌溉工程遗产名录。

5. 芍陂

芍陂位于安徽寿县淮河中游南岸，始建于春秋楚庄王时期（前601至前593年），是中国最早的大型陂塘蓄水灌溉工程，芍陂又称"安丰塘"。芍陂建成后带动了淮河中游区域水利的兴起，自2世纪以来，淮河中游因优越的灌溉条件而成为当时中国的粮仓。芍陂所在地安徽寿县，自春秋末年成

为楚国都城长达300年。芍陂工程体系反映出古代蓄水工程因地制宜的规划智慧，通过工程合理布局，在增加蓄水量的同时，为农业生产提供尽可能多的耕地，达成了区域人水关系的协调，在中国传统农业社会中具有重要影响，在区域发展史中具有里程碑意义。芍陂灌溉工程体系和管理制度，是水利工程可持续利用的经典范例。

2015年确认列入世界灌溉工程遗产名录。

6. 它山堰

它山堰位于浙江省宁波市鄞州区奉化江支流鄞江上，始建于唐太和七年（833年），渠首为砌石结构拦河堰。它山堰灌溉工程体系是中国东南沿海地区阻咸蓄淡引水灌溉工程的典范。工程具有1180余年的历史，用传统材料建造的110多米长的拱形拦河大坝、科学而完备的渠首布置和渠系规划，保障了灌区20余万亩农田的用水。一千余年来未对自然地理环境产生任何不良影响，代表了中国传统有坝引水工程科技的较高水平。它山堰的建成，滋润鄞西平原，塑造了今日宁波市的城市格局，在中国传统社会中具有重要影响，在区域发展史中具有里程碑意义。它山堰工程体系及其管理制度，是中国传统灌溉工程的典型代表和活化石，是水利工程可持续利用的经典范例。

2015年确认列入世界灌溉工程遗产名录。

7. 诸暨桔槔井灌工程

诸暨桔槔井灌工程遗产位于浙江省诸暨市赵家镇，地处会稽山走马岗主峰下冲积小盆地，多年平均降水量1462毫米，土壤以砂壤土为主，地下水资源丰富、埋深浅。12世纪至14世纪以何、赵两姓为主的家族移民至此，凿井提水灌溉，发展农业。20世纪30年代时赵家镇有拗井8000多口，1985年仍有3633口，灌溉面积6600亩。在30多年的城镇化进程中许多古井被填埋，数量剧减。泉畈村是目前拗井保存最为集中的区域，核心区还有古井118口，灌溉面积400亩。诸暨拗井是适应特有的地下水资源和地形地质条件的灌溉方式。古代诸暨拗井的建造者和使用者，拥有对地下水循环机理的认知，并通过田间井群的合理分布，实现了基于土地分

配的水资源配置，为我们展现了历史时期可持续灌溉的特殊模式。桔槔井灌是灌溉工程的活化石，有着特殊的文化意义，它见证了古代中国农村适合以家庭为单位的灌溉工程类型和方式，以及乡村地下水资源合理分配的智慧。

2015年确认列入世界灌溉工程遗产名录。

8. 太湖溇港

太湖溇港主要分布在太湖的东、南、西缘，是两千多年来环湖地区滩涂开发逐渐形成的独具特色的灌溉排水工程型式，目前南太湖的浙江省湖州市是溇港唯一完整保存的地区，遗产体系主要由太湖堤防体系，溇港漾塘体系，溇港圩田体系和古桥、古庙、祭祀活动等其他遗产体系四部分组成，溇港水利系统的发展完善成为历史上湖州地区社会经济文化发展繁荣的前提条件。

2016年确认列入世界灌溉工程遗产名录。

9. 郑国渠

郑国渠位于陕西省泾阳县西北25千米的泾河北岸，是中国最著名的灌溉工程之一，始建于公元前246年，灌溉面积约280万亩，它的建成为战国时期秦国的强盛和统一中国奠定了经济基础，渠首位于陕西省泾阳县，历经变迁，现称泾惠渠，灌溉关中平原145万亩农田。

2016年确认列入世界灌溉工程遗产名录。

10. 槎滩陂

槎滩陂位于江西省泰和县，距今1060年。为南唐金陵监察御使周矩父子凿石所建。最初为竹木结构，元末改建为砌石结构，主副坝共长282米、高4米。完善的古代水利工程管理制度，使得这座水利工程虽然历经千年风雨，仍发挥着显著的灌溉效益，被专家称为"江南都江堰"。槎滩陂分为主坝和副坝两部分，由筏道、排砂闸、引水渠、防洪堤、总进水闸组成。主坝顶高程78.8米，长105米，副坝顶高程78.5米，长152米，筏道宽7米，目前灌溉面积约5万亩。

2016年确认列入世界灌溉工程遗产名录。

11. 宁夏引黄古灌区

宁夏引黄古灌区位于宁夏的河套地区，是黄河上游历史最悠久、规模最大的引黄灌区。宁夏引黄灌溉最早可追溯至秦代，秦汉时期的宁夏引黄灌区主要位于今牛首山东的银川平原南部，至盛唐时期，大小引黄灌渠已有13条，银川平原、卫宁平原自流灌溉渠系初具规模，灌溉面积接近100万亩。后经过历朝历代治理，至19世纪，宁夏引黄干渠已有20余条，长度超过1500多千米，灌溉面积最高达到210多万亩。当代修建青铜峡和沙坡头水利枢纽之后，部分无坝引水古渠首废弃，转由水库引水，但渠系基本仍保留历史格局。目前宁夏引黄灌区范围8600平方千米，引黄干渠25条，总长2454千米，其中古渠道14条，长1224千米，总灌溉面积达到828万亩。

2017年确认列入世界灌溉工程遗产名录。

12. 汉中三堰

汉中三堰位于陕西省西南部的汉中盆地，建于西汉初年，是汉江上游有代表性的有坝引水灌溉工程系统。两宋时期，由山河堰、五门堰、杨填堰组成的汉中灌溉工程体系已初步形成。到12世纪中期，整修之后灌溉面积达23万亩。汉中三堰分三个灌域，相互衔接、补充，共同灌溉汉中盆地核心地区，主要由渠首枢纽、灌排渠系和控制工程组成。目前，三堰灌溉面积共计21.75万亩。

2017年确认列入世界灌溉工程遗产名录。

13. 黄鞠灌溉工程

黄鞠灌溉工程位于福建省宁德市蕉城区霍童镇霍童溪中游河谷地带。根据家谱和地方史料记载，工程始建于公元7世纪初，至迟于12世纪工程体系已臻完善，持续使用一千多年，对当地的经济文化和社会发展发挥了重大作用。黄鞠灌溉工程分为右岸龙腰渠、左岸琵琶洞渠系两个灌溉工程系统，工程骨干渠系长约10千米，灌溉面积2万多亩。

2017年确认列入世界灌溉工程遗产名录。

14. 都江堰

都江堰渠首枢纽工程位于都江堰市，始建于公元前256

年。2200多年来都江堰留下了丰厚的水文化遗产，对经济社会发展起到了巨大的支撑作用，是我国水利发展史上的里程碑。

都江堰水利工程体系是由渠首枢纽、灌区各级引水渠道、塘堰和农田等构成，渠首工程体系主要由鱼嘴分水堤、飞沙堰溢洪道、宝瓶口进水口三大部分和百丈堤、人字堤等附属工程构成，从鱼嘴分水开始，在历史上均依靠竹笼、木桩修筑的导流堤、溢流堰控制水量，没有一处闸门，却让岷江水经过堰分派别流，经过田间地头、房前屋后滋润万物。都江堰水利工程目前灌溉四川省7市38县1065万亩农田。

2018年确认列入世界灌溉工程遗产名录。

15. 灵渠

灵渠始建于公元前214年，是沟通长江流域和珠江流域的跨流域水利工程，兼有水运和灌溉效益，是中国古代最著名的水利工程之一。灵渠的渠首枢纽位于湘江，由铧嘴和大、小天平，以及南陡、北陡组成。灵渠干渠包括北渠、南渠两段。北渠全长3.25千米，导水仍入湘江下游。南渠则穿越分水岭流入漓江，全长33.15千米。灵渠工程体系包括渠首枢纽、干渠工程、防洪工程、自流与提水灌溉体系等。灵渠的灌溉主要有自流和提水两种方式。目前灵渠总灌溉面积达到6.5万亩。

2018年确认列入世界灌溉工程遗产名录。

16. 姜席堰

姜席堰位于浙江省西部的金衢盆地，地处衢江支流灵山港从山区过渡到平原的咽喉处。姜席堰创建于公元1330至1333年，时任龙游达鲁花赤蒙古族察儿可马重视农业，兴修水利，姜席堰是其主持修建的堰坝之一，工程沿用至今已有680余年历史。姜席堰灌溉工程充分利用地形，以河道中80亩沙洲为纽带，上连姜堰、下接席堰，组成一条由西向东长约570米长的角尺状拦水坝和侧向溢流堰，实现了无坝引水。目前，姜席堰基本保持着680年前初建时的形制，灌溉面积3.5万亩，是古代山溪性河流引水灌溉工程的典范。

2018年确认列入世界灌溉工程遗产名录。

17. 长渠（白起渠）

长渠（白起渠）位于湖北省西北部襄阳市，地处汉江中游蛮河流域，公元前279年秦国大将白起领兵进攻楚皇城时，曾以此渠引水而攻之。这处因战争而建的工程，很快成为襄阳平原重要的灌溉工程，为纪念它的创始人而名"白起渠"。唐代因引水干渠长约百里，始称"长渠""百里长渠"。长渠灌溉工程体系由三部分组成：渠首枢纽、渠系工程、调蓄工程。目前灌区灌溉面积30.3万亩，以稻作农业为主，长渠是可持续灌溉工程的典范。

2018年确认列入世界灌溉工程遗产名录。

18. 河套灌区

河套灌区位于内蒙古自治区西部的巴彦淖尔盟，是黄河中游的大型灌区，也是中国设计灌溉面积最大的灌区。河套地区灌溉发展最早可追溯到秦代，至汉代有开渠灌溉的明确文献记载。清中叶后，开渠种植日盛，清末已建成八大干渠，河套灌区初具规模。1949年之后河套灌区工程体系及管理制度快速发展完善，以1961年三盛公引水枢纽工程建成为标志，河套灌区发展进入新的历史阶段，灌溉供水渠系进一步优化调整、排水体系，基本形成全冠区统一的灌排骨干工程体系和七级灌排配套体系。目前河套灌区共有各类灌排建筑物18.35万座，灌溉面积1020万亩。

2019年确认列入世界灌溉工程遗产名录。

19. 千金陂

千金陂位于江西省抚州市抚河干流上，矗立于抚河与干港的分岔口，始建于唐咸通九年（868年），是长江中下游赣抚平原灌溉农业发展史上的里程碑。位于抚河大桥东端上游1000米抚河与干港的分叉口处的千金陂是一条用石块砌成的长坝，像一条巨龙卧在水中，用"龙身"挡水以抬高水位，减缓流速，将抚河水引入灌区，是古时抚州人民运用勤劳和智慧修建的一个大型水利工程，被称为抚州的"都江堰"，距今已有1200多年的历史。千金陂全长1.1千米，是中国现存规模最大的重力式干砌石江河制导工程，它的建成保障了中洲围的灌溉引水，同时对抚河防洪、抚州城市水环境修复、水运保障发挥重要作用，现灌溉面积2.2万亩。

2019年确认列入世界灌溉工程遗产名录。

后 记 AFTERWORD

　　自2019年9月4日河套灌区被列入世界灌溉工程遗产名录，一年多的申遗终于有了圆满的结果，成功来之不易，荣誉实至名归。是时候对河套地区的自然环境和人文遗产，以及河套灌区的地理风貌、历史形成、众多渠系的分布和功能作一个全面的梳理和总结。

　　以图片展现为主、以文字解读为辅的大型画册《河套灌区》，正是按此要求出版的一本精美印刷品。画册分为六大部分，"山川百世"力图探究河套地区的山川、湖泊和草原等地理因素以及这些因素对形成河套现象的外部作用。"印记千年"尝试挖掘千百年来诸多朝代和民族特别是农耕文明和游牧文明对河套地区的文化影响。"古渠今生"以时间轴为主线梳理河套灌区形成和发展的历史脉络。"时空画卷"从河套平原大视角的跨越幅度，从西向东逐一审视了灌区十三条干渠的前身今世、如今的风貌和发挥的作用。"天赋河套"宏观记录了勤劳勇敢的河套人，不负苍天赋予的自然禀赋，依黄河之滨、借自然之手、凭众人之力，造就了千万亩水浇地的农耕奇迹，结出与众不同的累累硕果。最后一个部分"附录"包括一份申遗大事记、一份2014年到2019年历届遗产名录和一份列入名录的19个中国工程简介。

　　本书是在国家灌溉排水委员会、中国水利水电科学研究院和内蒙古河套灌区管理总局的指导下组织完成的。作为"世界灌溉工程遗产丛书"之一，出版方中国水利水电出版社继续给予支持。北京锐新智慧文化传媒为画册的资料收集、文字编撰和图片拍摄，做出了大量的前期准备和后期制作工作。与此同时，内蒙古河套灌区管理总局向画册提供了大量珍贵的历史图片。"视觉中国"在图片素材提供方面给予了有力的支持。

　　河套灌区申遗成功，得到了社会各界的大力支持，借助本书特别对内蒙古自治区政协副主席郑福田先生表示衷心感谢！对于长剑、康跃、王海军、陈新忠、贾杰、胡延春、刘景平、张如红、樊文、贾培新、白岳、张广明、闫永春、苏亚拉图等同志表示诚挚谢意！另外，河灌总局关丽罡、孟育川、何军、梁建军、赵志刚、卫雄、梁勇、张利军、姜杰、张征、温乐、秦瑞娟等同志参与了申遗工作。

　　遗产名录，名扬中外，河套灌区，流芳千古，画册《河套灌区》的出版，希望能得到世人对遗产保护的关注，对助推乡村振兴、生态文明建设和水利工程的可持续发展，提供有价值的历史经验。